U0545232

戰爭史中的小故事與大戰略

國際軍事史專家帶你了解戰爭的第一本書

THE SHORTEST HISTORY OF WAR

Gwynne Dyer
格溫・戴爾——著　謝樹寬——譯

獻給愛麗絲（Alice）

目錄

前言

空軍是個很花錢的玩意。無人機提供小國非常廉價的戰略航空和精準導引武器，讓它們得以摧毀對手諸如坦克和防空系統這類價格更昂貴的裝備。

——麥可．考夫曼（Michael Kofman），美國海軍分析中心（CNA）軍事分析師，對二〇二〇年「第二次納卡戰爭」（Nagorno-Karabakh war）[1]的評論[1]

永遠還有別的戰爭等待被分析，我自己也做過這類分析工作。不過，本書並不是那類的書。它要談的是戰爭整體而言如何運作，以及我們為何要發動戰爭，甚至要談談我們可以如何停止戰爭。許多國家的普遍民意，終於轉向反對把戰爭當成處理問題的方法，但幾乎每個國家仍擁有軍隊，不管對大多數國家而言，使用到軍隊的可能性有多麼遙不可及。

1　譯註：第二次納卡戰爭是二〇二〇年發生在納戈爾諾－卡拉巴赫（Nagorno-Karabakh）有爭議區域的武裝衝突，交戰方包括亞塞拜然、亞美尼亞和自稱獨立的亞美尼亞裔分離國家阿爾察赫（Artsakh）。戰爭持續了四十四天，以亞塞拜然的勝利告終，戰敗引發了亞美尼亞國內的反政府抗議示威。

我們已經有了重大的進步。在過去四分之三個世紀，沒有一個大國[2]對另一個大國發動直接的攻擊，這是過去幾千年來最長的間隔期。他們或許有時會發動代理人戰爭（proxy wars）[3]，或是攻擊較小、較弱的國家，但由於其武器的毀滅性太強大，因此儘管有幾次可怕的危機，他們依舊多次避免了彼此間的公開開戰。

此外，戰爭奪走的死亡人數自一九四五年之後急遽下降，在那一年，死於戰爭的人數每個月超過一百萬人。到了一九七〇年代，人數已經降低至一年一百萬人，如今則是一、二十萬人——比死於交通事故的人數還要少。實際上，除了在亞洲西南部與非洲的長期衝突區域之外，目前在世界任何地方，不論規模大小，只有一場戰爭在進行中——或一場都沒有，如果本書出版時烏克蘭戰爭已結束的話。[4]

還有一些國際組織和國際法，幾乎都是二次世界大戰後全新的產物，目標是要減低戰爭的威脅和限制它對平民的影響，它們也確實得到一些成果。新聞媒體持續餵養我們戰爭的新影像，因為它們知道我們抗拒不了觀看它們的誘惑，但這些影像通常是來自同樣的少數幾個地方。儘管偶爾會有像烏克蘭戰爭這樣的戲劇性事件，但現在可能是世界歷史上最和平的時期。

然而，武器仍在那兒，致命程度更勝以往。總參謀部仍在擬定計畫，部隊仍在訓練士兵們如何殺人（如今更加直截了當），而且過去十年來，大部分國家的國防預算實際上仍在成長。即使在這個前所未有的和平繁榮時期，戰爭仍被軍人和外交官視為可能。而且，更嚴峻的時刻已在眼前。

如今，我們不得不為過去兩個世紀來八倍的人口成長和大規模的工業化買單，而且付帳有些困難。如今的氣候，已經脫離了過去一萬年來我們發展人類文明所處的穩定狀態，我們如果能在它超出正二度C的門檻並完全失控前將它穩定下來，已屬萬幸。

即使我們成功避免這個災難，已存在大氣中、但尚未完全對氣候產生影響的溫室氣體排放的延遲效應，加上即使我們採取激進的步驟從石化燃料轉向其他能源，也必然隨之而來的其他氣體排放效應，都將導致足夠的暖化效應，而對全球糧食生產帶來重大損害，特別是在熱帶和亞熱帶地區。

這幾乎可以確定將導致我們過去不曾見過的大規模難民潮，迫使目的地國家的政府做出痛苦的選擇，決定誰可以進來、誰必須留在外面——以及有什麼可以合法使用的手段把

2　譯註：大國（great power），或稱強國、強權。它通常指具備軍事和經濟實力，被公認可在全球施展和投射其影響力的國家，這使得其他中小型的國家，在採取行動前都會考慮大國的立場和意見。大國還可區分為如冷戰時期的美蘇兩國的超級大國（superpower），以及其他一般的主要大國（major great power）。

3　編按：指的是兩個國家、或非國家行為者之間的武裝衝突，不過其中一方或雙方並未直接參與敵對行動，而是以間接援助的方式與另一方交戰。

4　編按：作者寫作本書時，二〇二三年的以哈戰爭（以巴衝突）尚未爆發。

他們拒之門外。無法餵飽人民的政府將無法存活，於是在某些受影響最嚴重的國家，最後可能會出現大片「無人治理」的區域——想像一下十到二十個索馬利亞這樣的國家。共用主要河川系統的國家恐怕會發現戰爭無可避免，因為所有的水都是往下游流去，而上游的國家則會想方設法留住更多剩下的水給自己的人民。

這些未來的可能性，雖不常被公開討論，但已經被最大軍事強國的高層軍事規劃人員納入戰略考量之中。他們並不是為了找麻煩，而是他們的專業責任必須預見這些可能並預作準備。就他們的判斷，大麻煩即將出現，而且無法、或至少可能不會用非軍事的手段來處理。大國之間的戰爭，也就是會導致數百萬人死亡的那種戰爭並未消亡。它只是在沉睡，而且最近在睡夢中還抖了幾下。

這是個壞消息，但這也讓我們有好理由重新審視戰爭的整個現象。一直到距今才一個世紀前——或者是到第一次世界大戰的中期——一般的觀點仍認為戰爭是高貴的事業，而且是件「好事」(只要是你打贏了)。在戰壕裡被大規模殺戮的平民士兵為這個觀念畫上了句點，此後關注時事的大眾已正確地認為戰爭是個「問題」。他們無需等到核武出現才做出這樣的結論。

不過我們大多數人，對於戰爭因何而來、或是它究竟如何運作，並未有充分理解。這主要是因為我們擔心過度仔細的審視，會減損我們對為國家犧牲生命的人應有的尊敬和感激。然而，對「殞落者」（the "fallen"）保持應有尊重的同時（他們值得比這種含糊的代名詞更好的形容），我們仍應繼續探討下去。

這並不是一部一般意義上的軍事史，儘管我受的是軍事史學家的訓練，在我成年後的前半段生涯也都在軍方的各個部門打滾。這是一本將戰爭當成一種風俗和傳統、一種政治和社會制度，以及一個「問題」來研究的書。

戰術、戰略、準則及技術會占據重要地位，就如把人體切開在外科手術史會占據重要地位一樣，但它們並不是主要的焦點。必須接受這個制度中非比尋常的要求的人，不管是將領或一般士兵，必然也都是故事的一部分。不過，最重要的是，本書是關於我們為什麼要做這件事，以及如今真正需要的時候，我們可以如何停止這麼做。

第1章

戰爭的起源

戰爭到底存在多久了？

發明戰爭的並不是人類。他們只是繼承了戰爭。我們最早的祖先就有這種行為，我們的一些靈長類近親至今仍然如此。不過在過去幾個世紀，多數人都以為戰爭是隨著文明發展出來的，對我們狩獵採集的祖先們不曾構成大問題。

十八世紀中葉，啟蒙時代最有影響力的哲學家之一盧梭（Jean-Jacques Rousseau）就大力提倡這樣的想法，他主張在大規模文明興起前，「高貴的野蠻人」過著自由而平等的生活——同時也暗示，他們過著和平的生活。若能擺脫當今壓迫文明社會的君主和神職人員，我們將可重拾失落的樂園。這是很有吸引力的想法，而與他同時代的人們也開始身體力行。他在美國獨立革命爆發兩年之後過世，僅僅再過十一年之後，是引發更大騷動的法國大革命。

盧梭應該知道，和他同時代的「高貴野蠻人」偶爾也會互相打鬥，只不過他們的武力衝突規模很小，造成的傷亡也很少，和文明世界大軍之間的可怕戰鬥有著天淵之別。即使在兩百年後，人類學家開始研究少數存活到現代世界的狩獵採集群體，他們仍持續把這些小團體——人數可能只有三十人，最多幾乎都不超過一百人——之間偶爾的武力衝突，視為死傷代價極低的儀式性活動。直到過去五十年，我們才知道這種想法錯得有多離譜。

你不能怪盧梭搞錯了。在他的年代，大約只能追溯到過去三千年的知識。沒有人知道地球的年齡（四十五億年），或關於演化的任何事（我們人族的譜系是在四百至五百五十萬年前與黑猩猩分道揚鑣），甚至智人在何時首次出現（約三十萬年前）。真正更難理解的是，人類學家們竟有這麼長的一段時間都忽略他們面前堆積如山的證據，直到二十世紀後期仍相信盧梭的說法。

他們忽略的是像威廉．巴克利（William Buckley）等人的敘事證據，巴克利在一八〇三年從澳洲南岸的流放地逃脫，以逃犯的身分和原住民生活了三十二年。

> 敵對的部落逐漸逼近，我看到他們都是男性……很快打鬥就開始了……（和巴克利同陣營的兩個成員在衝突中喪命，不過他們在當晚發動反擊），發現他們多數人都已入睡，成群躺臥在一起，我方朝他們衝過去，當場殺死了三人，並且傷了其他幾人……敵人逃走了……他們的作戰工具落入了攻擊他們的人手中，遺留下的傷者則被迴力鏢猛擊而死。[1]

他們同樣也忽略了先驅的民族學者洛伊德．華納（Llyod Warner）的研究工作，二十世紀初他在澳洲北部阿納姆地（Arnhem Land）研究孟根族（the Murngin）。孟根族一直到晚近才開始與歐洲人有定期的接觸，依舊保有強大的口述歷史傳統，因此人們能夠實際了解和傳述他們的祖父母輩、曾祖父母輩所做過和遭受過的事。華納透過廣泛的訪談，試圖重建十九世紀晚期（與歐洲人第一次接觸之前）當地原住民群體之間戰事的規模。他歸結出，儘管長期、低強度的襲擊和伏擊每次造成的死亡人數很少超過一、兩個人，然而在他二十年的研究期間，這些攻擊行動仍造成孟根人各個部落（總人口約三千人）中大約百分之二十五成年男性的死亡。[2]不過華納基本上被當時剛起步的人類學界所忽視：盧梭依舊是獨尊的主流。

好戰的人

隨著一九六八年《亞諾馬米人：凶猛的人》（*Yanomamo: the Fierce People*）一書的出版，終於掀起了一場辯論，這本書是人類學家拿破崙．沙尼翁（Napoleon Chagnon）對生活在委內瑞拉南部和巴西北部奧利諾科河（Orinoco river）和亞馬遜河源頭地的亞諾馬米人的研究。亞諾馬米人的人數約兩萬五千人，散居在兩百五十個村落，這些村落經常處於彼此交戰的狀態。嚴格說來，他們並不是以狩獵採集為生，而是刀耕火種（slash-and-burn）[5]的「園藝者」（horticulturists），從事這種形式的農業必須每隔幾年就遷移村落。不過他們群體的人數彼此相當（平均每個村落九十人），而且社會的風俗習慣——包括戰事的習慣——也相似。

他們的村莊有強化的防禦工事，彼此間有廣大的緩衝區——某些案例達到三十英里，這可能是因為襲擊的一方能行進得又快又遠。此外，亞諾馬米人多半會待在他們領土的中央地帶，只有大規模行動時會冒險去到邊界區域，且這些邊界地區多半未開發。不時會有整個村落遭到摧毀。而且，根據沙尼翁的估計，這場超過一個世代的長期戰事，平均奪走了百分之二十四的男性和百分之七的女性的性命。[3]

凶猛的反應：沙尼翁具爭議性的研究

沙尼翁的觀點得到了一些關注，他的書也成了大學課程裡的必讀書目。但是人類有發

5 編按：是一種以砍伐及焚燒林地上的植物來獲得耕地的古老農業技術。農民會砍伐一個地區的樹木及木本植物，待樹木乾燥後再作焚燒，此舉所產生的富含營養的草木灰能使土壤肥沃，土壤的生產力亦可暫時性提升。在經過數年的耕作後，耕地會因養分大量流失而變得貧瘠，農民便會棄置現有耕地並另闢新的耕地。

動戰爭的先天傾向的概念，嚴重冒犯了盧梭的學說和護衛其香火的人類學家。老派的學者強烈反彈，使得沙尼翁被指控扭曲甚至編造他的數據，有一段時間委內瑞拉政府也禁止他再回去探訪亞諾馬米族。直到二〇一二年，在沙尼翁過世前七年，他才充分獲得平反，得以晉身美國國家科學院。

人類學家恩尼斯特・博奇（Ernest Burch）的日子比他好過一些。他在一九六〇年代，對阿拉斯加西北部以狩獵採集為生的因紐特人（Inuit）之間的戰事進行了類似的研究。這些戰事，在約九十年前因紐特人和歐洲人與美國人建立聯繫之後，基本上已經結束，不過根據歷史的紀錄和老一輩的記憶，他推論出在這個地區過去至少一年有一次戰爭：包括本地的因紐特群體之間、與其他更偏遠地區的因紐特人，甚至是與如今稱為育空地區（the Yukon）的阿薩巴斯卡第一民族（Athabasca First Nation）群體的衝突。彼此的結盟經常出現變動，因為敵對的群體都試圖取得人數的優勢，而戰爭的最終目標通常都是徹底摧毀敵對的群體。

因努特的戰士們在外衣底下穿著骨片或象牙碎片編串成、類似於鏈甲的護甲，襲擊的隊伍最多達五十人，他們可以為了攻擊敵人而行軍多日。偶爾會有士兵排成陣列的正面交戰，不過更常見的是在拂曉之前對熟睡村落發動的襲擊，有時會以全面的殺戮結束。男性的戰士除了被留下來以進行日後折磨或處決之外，不可能留活口，婦女和小孩也多半無法倖免。若是早個十年，他的資料可能引發軒然大波，但是博奇直到一九七四年才發表他的結論，那時秘密已經被揭露了。[4]

遠古時代的戰爭證據

有趣的是，真正讓盧梭的觀點壽終正寢的並不是人類學家的研究，而是來自靈長類學家珍・古德（Jane Goodall）。她在坦尚尼亞的貢貝國家公園（Gombe National Park）觀察一群黑猩猩時，注意到這群黑猩猩也會對相鄰的黑猩猩群體發動戰爭。由於人類跟黑猩猩的DNA有超過百分之九十九相同，而且至少從狩獵採集階段就不斷在各地發動戰爭，似乎可

淑女和猩猩：珍古德和「灰鬍子大衛」（David Greybeard），約攝於1965年。

以合理推論這種行為是人類和黑猩猩的祖先所共同擁有的，可以一直追溯到四百萬年前的「最後共同祖先」。

黑猩猩之間的衝突，跟人類狩獵採集者的「戰爭」相比，距離文明化的戰爭又更加遙遠。黑猩猩很少使用武器（或許偶爾會使用樹枝），而一隻黑猩猩要徒手殺死另一隻黑猩猩也非易事。黑猩猩群體之間從來不會進行正面的戰鬥；所有的殺戮都是透過偷襲，由同一群體的黑猩猩來對付敵對群體當中落單的黑猩猩。

> 一開始是邊界的巡邏行動。在某個時刻……他們發現了戈利亞（一頭年老的黑猩猩），顯然就躲在僅二十五公尺外的地方。突襲者從上坡朝牠們的目標瘋狂衝下去。戈利亞尖叫，同時間這群猩猩也吼叫並展示氣勢，牠們抓住牠，對牠又打又踢，把牠抬起再摔在地上，咬牠、跳到牠身上踩牠……牠們持續攻擊了十八分鐘，然後轉身回去……戈利亞頭部流血不止，背後有撕裂傷，牠試著坐起來，但卻顫抖著倒下。從此再也沒有人見過牠。
>
> ——理查・藍翰（Richard Wrangham）與戴爾・彼德森（Dale Peterson），《雄性暴力：人類社會的亂源》（*Demonic Males: Apes and the Origins of Human Violence*）[5]

這真的算是戰爭嗎？其實，這些襲擊並不是在每次巡邏發現敵對群體的落單成員時都會發生。牠們會注意聆聽敵對群體其他成員在穿越森林時相互聯絡的叫聲，而且只有在附近沒有敵對群體成員可能前來援助預定受害者的情況下，才會發動攻擊。否則，牠們會默默地離開等待下一次的機會。不過，這是嚴重關乎生死的大事。儘管牠們極為謹慎，而且殺戮永遠是一次只攻擊一頭黑猩猩，但還是會有一個群體的雄性成員被全數殲滅的情況。隨後，敵對群體的雄性就會進入該群體，占有倖存的雌性黑猩猩，並殺害現存的小黑猩猩，好為自己的後代保留位置。

這些黑猩猩族群有些迄今已經被觀察了超過五十年，在所有研究的群體中，這種地方性的戰事最終導致大約百分之三十的成年雄性和百分之五的成年雌性黑猩猩死亡。這些黑猩猩群體所控制的領域要比亞諾馬米族的村落小得多——一個群體距離另一個群體大約只有三到四英里——但是黑猩猩們大部分時間都待在其領域中心三分之一的範圍內。領域的其他部分同樣資源豐富，但被視為「無人地帶」，由於擔心受到突襲的危險並死在鄰近黑猩猩群體手中，牠們只會在大群成員集體行動時造訪這些區域。[6]

阿納姆地的孟根狩獵採集者、亞馬遜流域的亞諾馬米園藝者、貢貝的黑猩猩：這些列舉出來的統計數字為我們的和平幻覺敲響了警鐘。它們顯示出一種戰爭形式，其傷亡人數比例遠超過現代文明所經歷過的任何戰爭，而且它們確實非常古老。考古學家已警醒並開始從人類和相近物種的化石紀錄中尋找戰事的證據。沒多久他們就找到了。

他們發現，七十五萬年前「直立人」的化石就顯示出被人類武器施暴的痕跡，像是頭骨的凹陷骨折（或許是棍棒造成）及骨骸上的切割痕跡，這些痕跡暗示著去肉和食人的行為。這類的殺戮事後通常需要複雜的淨化儀式，而儀式性的食人肉往往是淨化儀式的一部分。他們也發現了介於四萬到十萬年前尼安德塔人的化石上，有被矛刺傷的傷痕，或嵌入肋骨之間的石刃，甚至是集體的亂葬崗。[7]

時間快轉到距離第一批文明興起的幾千年前，他們發現了一些顯然和戰爭有關的大屠殺場景，例如大約一萬年前在肯亞圖爾卡納湖（Lake Turkana）西方納塔魯克（Nataruk）的二十七人屠殺事件。死者有男性、女性，也有孩童，大部分是因棍擊或刀刺而死（不過有六人可能是死於箭傷），而且他們的屍體未被埋葬，而是任其腐爛。新聞媒體把它當成一個重大發現，但毫無疑問，這只是人類和人類近親在漫長史前時代數以萬計、甚至數以十萬計的戰事之一。那麼，我們該如何理解這一切？

為何要攻擊和消滅其他群體？

我們是否背負了該隱（Cain）[6]的印記？我們是否註定會發動規模越來越大的戰爭，直到我們將自己毀滅為止？未必如此。但是，我們確實符合解釋任何物種對其同類發動戰爭行為的兩個必要條件：這個物種是否具掠食性？以及，它是否生活在**可大可小的群體**中？

我們和我們的祖先數百萬年來都是獵人，而我們也因此可以輕易地殺害其他人類。事實上，我們至少在幾十萬年前，就有辦法殺死最大型的動物，因此我們當然符合「掠食者」的條件。（經常狩獵的黑猩猩，會捕捉和食用猴子與其他較小型的獵物，是唯一符合這個條件的另一種靈長類——同時也是唯一會進行戰爭的靈長類。）

從表面上來看，「生活在可大可小的群體中」是比較費解的條件，不過它的邏輯是這樣的。獨自行動的掠食者很少會和同物種的其他成員進行激烈戰鬥，因為這類的遭遇有百分之五十的死亡機會，這從演化的角度而言並不值得一試。不管如何，戰事依據定義是一種群體的活動。但是如果這些群體都是相似的大小，而且他們的成員彼此相互依存，那麼正面戰鬥的機會同樣也會比較低：因為他們彼此大致勢均力敵，一打起來都是死傷慘重，任何勝利都將是一無所獲的慘勝。

相對而言，可大可小的群體，必然有時要分派較小的群體或是單一的個體去覓食，這提供了攻擊者非常有利的突襲成功機會。因此這類群體之間便有可能出現消耗戰，雖然這

---

6 譯註：聖經〈創世記〉中，該隱是亞當和夏娃的兒子，他殺死了弟弟亞伯，成了人類史上第一樁謀殺案的兇手。

些攻擊絕大部分純粹是碰運氣的投機性質，但仍有可能導致其中一個群體的雄性全數滅絕。獅子有類似的行為，還有狼和鬣狗，當然黑猩猩和人類也是如此——這些都是活在大小不一的群體中的掠食者。但是，獲勝的群體從中究竟得到什麼好處？它可以提供什麼演化上的優勢？

世界從來就不是空曠無物，食物也始終是有限的。不論所處環境是沙漠、叢林、海邊或大草原，掠食者和獵物的物種都傾向於繁殖到環境承載容量的極限——並稍稍超出一些。人類的狩獵採集者常會採取殺嬰做為控制人口的手段，但遺棄嬰兒似乎通常是無力負擔的父母所做的決定，而不是群體部落強加的政策。它或許對減緩人口成長影響不大。

如果你的部落生活已經接近當地環境的最大承載能力，即使是短暫的糧食供應中斷（例如氣候型態的改變，或是動物遷徙路線的變化）都會產生立即的危機，因為人們吃的大部分食物都無法保存。有幾個星期或幾個月的時間，所有人都餓著肚子，由於人類具備預判未來的能力，他們知道情況繼續下去整個群體會出現什麼問題。但是，如果你的部落有很長一段時間都透過持續伏擊，系統性地削減鄰近部落的成年男性人口，那麼現在或許有機會可以選擇奮力一搏，徹底消滅鄰近部落的其餘男性，奪取他們的食物來源，讓你自己度過難關。

演化並不是由理性的計算所推動，充斥於史前時代的長期性戰事，並非有意識地設計用來確保我們自身基因存續的手段。但是要解釋它，你只需假設，即使在生活順遂的時候，相鄰的部落也始終有某種程度的資源競爭，而當生活轉壞時，有些部落可能會被推向暴力。不管是文化或是遺傳上的理由，有些部落至少會稍微比其他部落更有攻擊性一些。他們是在資源變得匱乏時最有可能存活下來的部落，並把他們的文化和基因傳給下一代。把這些因素小火慢燒，每隔幾百個世代偶爾攪動一下，你看到的結果就是亞諾馬米族的困境。

〔亞諾馬米人〕的村落位在森林中，周遭是他們不會、也無法全然信任的鄰近村落。多數亞諾馬米人都認為村落之間始終不斷的戰事

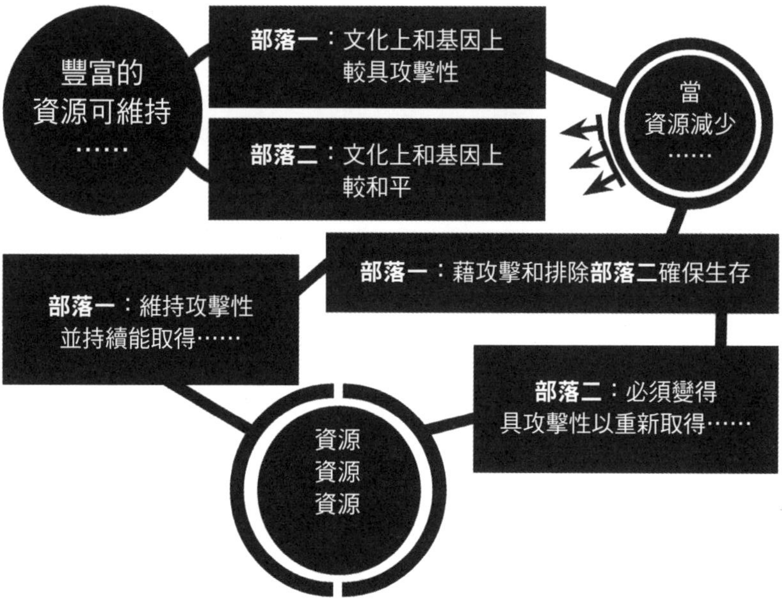
豐富的
資源可維持
……
部落一：文化上和基因上
較具攻擊性
部落二：文化上和基因上
較和平
當
資源減少
……
部落一：藉攻擊和排除部落二確保生存
部落一：維持攻擊性
並持續能取得……
部落二：必須變得
具攻擊性以重新取得……
資源
資源
資源

不僅危險、且最終應該予以譴責，如果有魔法可完美而確定地結束戰事，毫無疑問他們會選擇這個魔法。但是他們知道這種魔法並不存在。他們知道他們的鄰居是壞蛋、或者很快就會成為壞蛋：也就是詭詐且處心積慮的敵人。在缺乏完全信任的情況下，亞諾馬米人的村落透過貿易、通婚、正式建立不完善的政治條約來互相打交道——同時藉由堅決地做好復仇準備來激發對方的恐懼。

——藍翰和彼德森，同前，第六十五頁[8]

只消把名字換一換，這段話同樣可以解釋一九一四年第一次世界大戰爆發前那段時間大國之間的關係。正如第一次大戰的導火線——奧匈帝國大公在一個巴爾幹小鎮遇刺——相對於如此重大的事件顯得微不足道一樣，亞諾馬米人對他們戰爭的解釋也顯得可悲、甚至是荒謬。事實上，他們通常怪罪戰爭的起因是為了搶奪女人。但是，許多人始終懷疑還有一些更深層的原因。

狩獵採集社會的平等主義之謎

就目前看來，盧梭做為一個扶手椅人類學家[7]可說是全面失敗，但他確實有一件事說對了，而且這是件大事：他說文明前的人類，他口中的「高貴野蠻人」，曾經過著完全自由和徹底平等的生活。事實上，這是他大受歡迎的主要原因：他為當下想要發動革命的人從過去找出了一個先例，這個革命將讓人們**再一次**變得自由和平等。儘管他只是猜想，但這是很有見地的猜想。

> 所有人都尋求統治，但如果無法統治，他們寧可維持平等。
>
> ——哈洛德・史奈德（Harold Schneider），經濟人類學家[9]

> 與我們有相對較近的共同祖先的三種非洲巨猿（great ape），都有明顯的階級制度……不過在一萬兩千年前，人類基本上是平等主義者。
>
> ——布魯斯・諾夫特（Bruce Knauft），文化人類學家[10]

對關切人性本質的人而言，最大的謎團在於所有狩獵採集社會、及幾乎所有我們所知

7　譯註：作者此處形容盧梭是扶手椅人類學家（armchair anthropologist）是幽默的說法。一般而言，英文中的「扶手椅專家」是略帶貶義的說法，形容那些未參與基礎研究或資料蒐集，只對現有的學術研究加以分析和整理的專家。

的園藝社會都是平等主義的（egalitarian），至少在成年男性之間是如此。不只是一點點的平等，而是強烈的、甚至是非常執著的平等，這種文化上的偏好，仍可見於他們已經和大規模文明社會有長期接觸的後代身上。長老們在辯論中或許具有權威，頂尖的獵人或許可以取走獵物中最好的部分，但是沒有單一的個人具有發號施令的權力。

這是一個謎團，因為直到晚近，充斥在我們有文字可考的歷史之中的帝國、絕對君主和獨裁政權，都是極端階級分明、不平等、壓迫性的社會。我們最親近的靈長類親戚所組成的小型社會也是如此，包括其他的巨猿，特別是與我們關係最近的黑猩猩。黑猩猩的群體是獨裁暴政的社會，具支配力的雄性藉由戲劇性的展示憤怒來施行統治，經常伴隨著對其他群體成員的肢體攻擊，而成員們則通常會以順從的姿態回應。

活在由脾氣惡劣的暴君統治的小群體中，可不是什麼好玩的事。從屬的雄性黑猩猩只有在老大看不到的時候，才能跟群體中的雌性交配，他們會不斷設法互相結盟以推翻主宰的公猩猩。這些陰謀早晚會有成功的時候，通常是擔任老大的公猩猩因為年邁或受傷，喪失了威嚇所有其他猩猩順從的能力時。對黑猩猩來說不大走運的是，如此一來，出現的不過是和舊老大沒什麼兩樣的新老大。你不會想要投胎當個黑猩猩。

我們無從得知，一個不一樣的價值體系何時在人類之間成了主流，不過想必是在很久很久以前，或許是在好幾萬年前，因為平等主義的價值觀，和支撐它的社會態度與風俗習慣，在我們所知的每一種原住民文化裡幾乎都是常態，不管在哪一洲，從北極圈到熱帶地區，在沙漠或森林中都是如此。

> 按照我的定義，平等主義的社會是由一群龐大、極為團結的從屬者聯盟所組成，他們堅決抗拒群體中可能的阿爾法（alpha）[8]的政治權力。
>
> ——克里斯多夫・博姆（Christopher Boehm），演化人類學家[11]

人類在兩個關鍵面向與其他巨猿有所不同：人類比較聰明，而且他們有語言。智力讓他們能計算出在持續的權力鬥爭裡，自己登上最有權勢地位的機會並不樂觀。鬥到最後，跌到階級的最底層，一輩子忍受霸凌和毆打，反倒是比較可能的結果——儘管令人難以接受。從這裡，很快他們就會理解，解決的辦法就是推翻老大，在所有成年男性之間實行平等。

一頭聰明的黑猩猩或許能隱約掌握這個概念，但是沒有語言，他甚至無法對自己表達清楚，更別說要對其他可能加入一場成功陰謀的黑猩猩表達清楚了。人類有語言，而且能組成聯盟，他們不只能推翻既有的獨裁者，還能永久性地終結整個權力支配的賽局。很顯

8　譯註：指的是群體中強勢、自信、具領導慾的個體。

然，他們就是這麼做了，而且不只一次，他們在數千個不同的群體中進行了數千次，因為這種做法會迅速傳播開來。

第一個清楚說明這個概念的是博姆，他將之稱為「反向支配階層」（reverse dominance hierarchy）。用他的模型，我們無需為了解釋發生的情況，而把人類重新設想成沒有企圖心或嫉妒心的物種。它需要的只是一個從屬男性的聯盟，利用他們在人數上的優勢來遏阻阿爾法男（Alpha-male）取得支配權。它甚至很少需要用到身體的力量。如同喀拉哈里沙漠（Kalahari Desert）的一位庫恩族（!Kung）獵人，向人類學家理查・李（Richard Lee）解釋這套社會控制機制是如何運作的：

> 當一個年輕人獵殺到大量的獵物，他會以為自己是首領或重要人物，並認為我們其他人都是他的僕從或下屬。我們無法接受這種事……所以我們總是把他的獵物說得一文不值。如此一來，我們就能讓他冷靜下來並變得溫和。[12]

每一個有機會被人類學家研究的狩獵採集群體，都是極度平等主義的。一個成年男性對另一個成年男性發號施令是最大的社會罪行。當需要做決定時，他們會進行可能持續好幾天的討論，最後得出的仍舊是不具有約束力的共識。人們會在群體之外進行婚配，所以如果你真的不喜歡這個決定，你可以離開並加入另一個有親屬在裡頭的群體。

在文化相對完整的原住民群體裡，槍打出頭鳥是不變的原則，至少在比喻的意義上是如此。試圖讓自己高人一等的懲罰，會從嘲弄開始，然後升級到排斥，最終導致流放——甚至過去在極端情況下會遭到處決。遠古時代的狩獵採集者並不是溫和善良的大自然守護者；他們全副武裝，擅長暴力，且經常與相鄰部落交戰，因為平等主義革命並未消除戰爭。如果必須「守護革命成果」（他們當然不會用這樣的字眼），他們就會進行殺戮，不過一旦「反向支配」的原則牢牢確立之後，他們或許就不需要那麼經常大開殺戒。

這場革命是什麼時候發生的？不會早於十萬年前，因為如果人類在上一個較溫暖的間冰期[9]（十三萬一千年至十一萬四千年前）就已具備足以進行那種複雜計謀的語言能力，他

9　編按：interglacial period，指兩個冰河期（或稱冰期）之間氣候回暖、冰川退縮的時期。

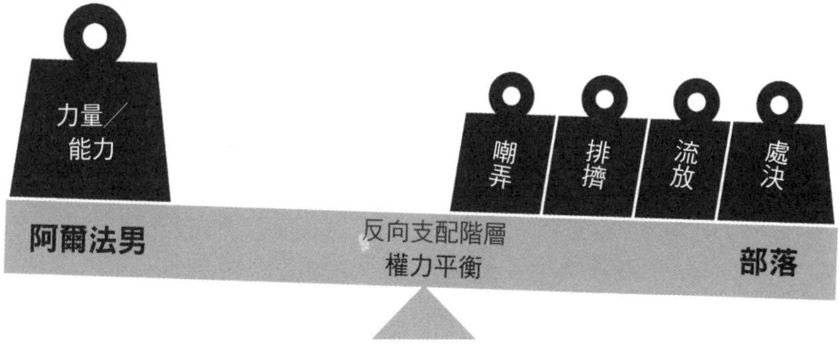

們或許早在那時就開始發展農業、大規模文明，以及其他一切了。在目前這個間冰期到來後，他們確實沒有浪費時間，立刻就開始行動。它也不太可能會晚於兩萬年前，因為要讓平等主義的價值觀如此深植於人類文化之中（甚至是人類的基因裡），讓這些價值歷經數千年普遍的獨裁專制仍不改變，必定需要很長一段時間。但我們無法再說得更準確。

這場巨變一個顯著的副產品是人類的家庭制度。在一個所有成年男性都平等的群體中，單一的強勢男性不再以一般靈長類的方式，試圖壟斷與群體中女性的性接觸。（這是否是革命的動機之一？或許是。）性別平等並非這場革命的一部分，但是從此之後，每一個自由而平等的男性，最後都可能與一

一個布希曼族的家庭，攝於2017年。

名女性結合成一段或多或少穩定的關係，並知道（或至少認為自己知道）哪些孩子是他的。他甚至會幫忙撫育孩子。

巨變來臨

於是在十萬年前，我們走到了農業革命即將開始的時刻，一個物種徹底改變了。除了幾座像是馬達加斯加和紐西蘭的海島之外，我們已經在地球每個適宜人居的地區殖民，我們的人數可能來到了大約四百萬人，全部都還是跟祖先一樣，在小小的群體中生活。戰爭持續對所有這些群體帶來傷亡（或許少數與世隔絕的群體例外），不過大部分活著的人都是自由、多半時候健康，甚至是快樂的。接下來，我們成為農民，一切就改變了。

好吧，不能說一切。戰爭還在。

第2章

戰爭如何發揮功效

不確定性的領域

本書要談的是歷史，所以會花很多時間在過去。但過去是可以無縫接軌至現在的連續體，而任何「大歷史」（Big History）的嘗試（即使只是部極簡史），都至少有一部分是為了理解此時此地。因此，在投入於過去之前，先回顧戰爭在現代——比如說，過去一百年——如何實際發揮功效，應該是件有用的事。暫時先別管戰略或技術，只把焦點放在實地參與戰鬥的人們的體驗上。

在越南，一名形單影隻的美軍陸戰隊員（1966年）

戰爭是不確定性的領域；戰爭行動所依據的事物，有四分之三是隱藏在或多或少的不確定性迷霧之中。

——卡爾・馮・克勞塞維茨（Karl von Clausewitz），《戰爭論》（*Vom Kriege*）

當我們要進入陣地時，必須走過一大片稻田，我記得我必須派某人先走過去。他看著我的時候，出現了片刻的猶豫：「你是說我嗎？你真的要我過去嗎？」很顯然我的眼神讓他知道我是認真的，於是他走過了稻田。

我開始派他們兩兩一隊走過去，也都沒有問題。接著我帶著整個部隊走過去。當我們走到大約一半時，他們在我們背後出現了，這些VC〔Viet Cong，越共〕原本躲在蛛網形散兵坑裡，在空曠處伏擊了我的部隊大部分的人。

在戰術上，我已經做了一切該做的事，但我們失去了一些士兵。所以是我犯錯了嗎？我不知道。我〔下一次〕會有不一樣的做法嗎？我不這麼認為，因為我受的訓練就是如此。我這樣的做法有讓我們少損失一些士兵嗎？這是永遠無法回答的問題。

——羅伯特・烏利（Robert Ooley），美軍少校沒有好的答案。在戰鬥中，軍官必須在沒有充足資訊的情況下快速做出決定，同時有人（通常都是看不到的人）正試圖殺掉他們。做錯決定的人，往往會沒了性命——做對決定的人，有時也在劫難逃。他們能做的最好的事，就是謹守過去幾世代的軍官從實戰經驗所提煉出來的規則，即便他們知道這些規則也不能保證成功。它們頂多只能幫你增加一點點勝算。

烏利少校在戰鬥演習中受過訓練，這些演習的目標是降低遭遇不愉快意外的風險，並在意外真的發生時限制它的損害。戰術性的教條不可或缺，但從不可靠，因為我們無從確定敵人在哪裡、又在做些什麼。烏利在越南打了一場漫長而失敗的戰爭，但即使是在如尤希・本－查南將軍（General Yossi Ben-Chanaan）所打過的速戰速決的勝仗中，也無法完全避免不好的結果。

在一九七三年的以阿戰爭期間，本－查南在戈蘭高地（the Golan Heights）指揮一個以色列的裝甲旅。在戰爭的第六天，在只剩下八部坦克的情況下，他設法繞到了敘利亞前線的後方。

> ……一繞到後方我們就建立了陣地，敵軍所有的陣地都暴露無遺。我們開火，在大約二十分鐘內摧毀了所有我們看得見的人，因為我們占據了很好的位置。

> 我決定進攻，嘗試奪下那個山頭，但我必須留下兩部坦克做掩護；於是我和六部坦克一起進攻。〔敘利亞人〕從側翼用反坦克飛彈朝我們開火，短短幾秒鐘之內，炸毀了六部坦克中的三部。我的坦克發生大爆炸。我被炸飛出來，留在原地……。我想，這整個攻擊行動是個錯誤。

身為指揮官的本－查南將軍，為了更清楚地觀察戰況，頭和肩膀都探出戰車的砲塔。如果你受到機關槍或砲火襲擊，這個暴露的位置將會非常致命，但如果是反坦克飛彈炸穿車體，這反倒成了最幸運的位置。本－查南被炸出了砲塔外；他在坦克裡的下屬則被燒成灰燼。他是很有能力的軍官，但是他的攻擊失敗，他的一些士兵喪生。指揮官幾乎必然要承受某種程度的風險，因為事情進展快速，他們無法等待更好的訊息才做決定。

武裝部隊身穿制服，有嚴格的軍階制度，而且對偏離規範的行為幾乎毫不寬容，在承平時期可能顯得過度組織化且缺乏彈性，但和平並非他們真正的工作環境。在戰鬥中，用生硬的術語下達和認可命令、絕對服從現場最高階軍官，並要求每一位軍官（在看不出用何種形式報告有明顯優勢的情況下）用**這種**格式而非其他格式來回報狀況，這些看似荒謬的做法都是有用的，因為它們降低了本質就是混亂的局面裡的不可預測性。

軍階區別之必要

在這種特殊情境中，即便是軍事組織中最奇特的面向——將負責決策的軍官和執行這些決策的士兵區分開來——也是合理的。所有軍事組織都會劃分為兩個完全獨立的階層，涵蓋大致相同的年齡範圍，而且較低階層的人通常做的是幾乎相同的工作。二十歲的軍官要負責指揮比他們更年長、也更有經驗的士兵。事實上，剛完成一年軍官訓練的二十歲少尉軍官，在法律上的軍階高於軍隊裡最資深的士官，即團士官長（Regimental Sergeant-Major），通常至少要服役十八年才能獲得這個軍銜——而且在所有軍隊，要從士兵階層晉升至軍官階層都很困難。

軍官和士兵這種軍階的區別，源自久遠過去的政治和社會結構，當時貴族發號施令，平民聽命行事。但即使是激進的平等主義國家，如大革命之後的法國或是布爾什維克的俄國，也從不曾將它廢除。它需要被保留，因為軍官的職責就是用士兵的生命來實現國家的目的。

> 你必須和（你的士兵）保持距離。軍官和士兵之間的距離是有幫助的。這是最令人痛苦的事情之一，有時必須壓抑對他們的情感，因為你知道有時你不得不犧牲他們。

> 而你也會這樣做。你消耗他們：他們是物資。要成為一名好軍官的部分條件，就是知道你可以消耗多少士兵，而且還能完成任務。
>
> ——保羅・福塞爾（Paul Fussell），二次大戰步兵軍官

軍官是暴力的**管理者**：除了在最極端情況下之外，他們自己並不使用武器。他們的工作是指揮那些用武器的人，讓他們即便面臨死亡也要繼續作戰。這並不表示他們不在乎自己的士兵，當然也不代表他們自己在逃避危險。事實上，軍官的死傷比例通常都高於士兵，主要是因為他們為了激勵士兵，必須更常暴露自己的位置。

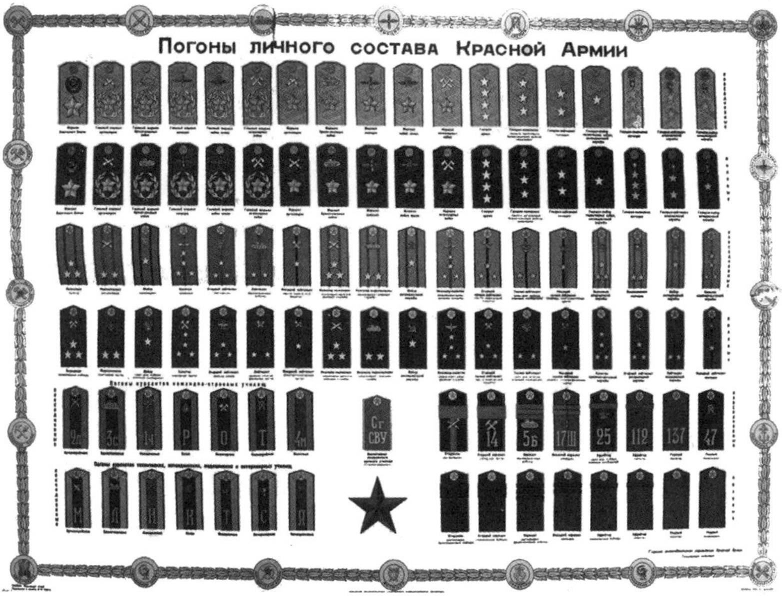

蘇聯紅軍的級別肩章，約1943年

二次大戰中，在英國和美國的步兵營中，軍官傷亡的比例大約是士兵的兩倍。在過去兩個世紀，經歷過重大戰爭的其他大部分軍隊也都有類似的數據。[1]

> 我突然想到要統計一下，自諾曼第登陸（D-Day）以來在這個營中服役的軍官人數。到三月二十七日強渡萊茵河行動結束為止（不到十個月的時間）……我發現我們曾有五十五名軍官指揮十二個步槍排，而他們在營裡的平均服役時間是三十八天……其中百分之五十三的人受傷，百分之二十四的人陣亡或因傷重死亡，百分之十五的人因傷退役，只有百分之五的人倖存。
>
> ——林賽上校（Col. M. Lindsay），第一營戈登高地步兵團[2]

軍官必須扮演的特殊角色，也讓他們對世界如何運作有著特別的觀點。

軍人美德之必要

軍事倫理強調，非理性、軟弱和邪惡在人類事務中是恆常存在的。它強調社會高於個人的至高無上性，以及秩序、階級、職能分工的重要性。

它接受國家是政治組織的最高形式，並認知到國家之間戰爭持續發生的可能性……。它將服從奉為軍人的最高美德……。簡言之，它是現實主義的，也是保守的。

——美國政治學家山謬・杭廷頓（Samuel Huntington）[3]

杭廷頓對於「軍人思想」的很多經典定義，即使放到遙遠的過去也都適用，不過軍官如今已經成為一個獨立且專業化的職業。

他們真的是一種和醫學與法律專業有相等意義的專業嗎？從多數面向來看的確如此。軍官團是由專業人士所組成的自我監管機構，他們決定誰可以加入，甚至決定誰可以獲得晉升（最高階層除外，它們往往由政治的考量所主導）。軍事這門專業是其所提供的服務的獨占供應者，而因為這種服務對其成員有一些特殊的要求，因此它也享有一些特殊的權利（例如可以較早退休）。和醫師或律師一樣，軍官也有廣泛的團體利益需要維護和推動。但有個很大的差別：軍人的服役契約中的所謂「無限責任」（unlimited liability）。很少有其他契約會強迫雇員在雇主要求時犧牲自己的性命。

政治人物或許會……假裝軍人在道德上的地位與任何其他職業無異。並非如此。他是在無限責任之下服役的，而正是這種無限責任賦予軍職尊嚴……。還有一個事實，軍事行動是集體行動，特別是在軍隊裡……。軍隊的成功在很大程度上仰賴的是團隊的凝聚力，而團隊的凝聚力仰賴的是成員彼此之間的信賴與信心。

阿諾德．湯恩比（Arnold Toynbee）[10]過去常說的軍人美德——堅毅、忍耐、忠誠、勇氣等等——在任何群體中都是良好的特質。但在軍事團體中，它們有功能上的必要性，這一點是非常、非常不一樣的。我的意思是，一個人可能虛偽、善變、背信棄義、各方面都敗壞不堪，

韓戰中，一名步兵在安慰另一名步兵，第三名步兵正在填寫屍體識別標籤，1950年8月25日

但仍然可以是一位傑出的數學家或世界級的偉大畫家。但有一件事他絕對做不到，那就是成為一位優秀的陸軍士兵、海軍水兵或空軍飛行員。

——約翰・哈克特將軍（Gen. Sir John Hackett）

當然，也會有壞軍官，但缺少這些「軍人美德」正是讓他們成為壞軍官的原因。曾經和軍官生活過一段時間的人都會知道，雖然在其他方面各有不同，但他們是異乎尋常地可靠和忠誠的一群人。這種特性也不僅限於軍官團隊：一九四四年在諾曼第服役於東蘭開夏軍團第五營的士兵史蒂芬・巴格納爾（Stephen Bagnall）在他的回憶錄中寫到，在前線士兵之間，出於必要而普遍存在的一種「邪惡中有恩典」（grace amid evil）的狀態；他寫道：「隨著你越接近前線，友善助人、近乎歡樂的氣氛就越強烈，直到它變成幾乎令人難以置信、具體且矛盾的存在。最近一位表親寫信給我……說：『男人從不曾像他們在戰鬥中那般有愛心或如此可愛。』這不僅是事實，也道盡了一切。」[4]

然而，這並非全部的事實。

10　1889-1975，英國歷史學家，最知名的著作為十二冊鉅著《歷史研究》（*A Study of History*）。

沒有「習慣戰鬥」這回事

他們叫我去哪我就去哪，叫我做什麼我就做什麼，但僅此而已。我幾乎無時無刻都嚇得屁滾尿流。

——詹姆士・瓊斯（James Jones），二次世界大戰美軍步兵二等兵

如果血是棕色的[11]，那我們每個人都能拿到獎章。

——一九四四至四五年在歐洲西北部服役的一名加拿大士官長

在二次世界大戰期間，美軍利用問卷來了解其士兵在戰場上受到恐懼影響的程度。在一九四四年八月法國的一個步兵師中，有三分之二的士兵承認，他們至少曾有一次因為極度恐懼而無法妥善執行他們的工作，而超過五分之二的人說這種情況曾反覆發生。

在南太平洋的另一個步兵師，則有超過兩千名士兵回答因恐懼出現的身體症狀：百分之八十四的人說他們的心臟劇烈跳動，超過五分之三的人說他們全身搖晃或顫抖。大約一半的人承認覺得自己快昏倒、全身冒冷汗、覺得噁心反胃。超過四分之一的人說他們曾經嘔吐，還有百分之二十一的人說他們大便失禁。[5] 這些數據只是根據自願承認者的說法，

每個類別的實際百分比可能都要再高一些，尤其是那些令人尷尬的類別。瓊斯關於「嚇得屁滾尿流」的說法，並不只是一種趣味的表達方式。

這是軍官們在戰鬥中必須面對的現實：士兵所受的訓練和自豪感，甚至是他們對身旁親密朋友的忠誠，必須與身體的恐懼和不想送命的迫切渴望達成巧妙的平衡。如果這個平衡稍稍傾斜，他們就可能變成陷入恐慌的暴民，因此，他們的軍官們必須非常努力讓他們持續作戰。在近代的一些重大戰爭中，幾乎每個人到最後都會崩潰；關鍵在於，不能讓他們全部在同一時間崩潰。

在二十世紀之前的重大戰役，傷亡人數通常相當於參戰人數的百分之四十或五十，很少會少於百分之二十。由於每年都會有幾場戰役，因此步兵在戰爭持續的每一年中，都有一半的機率會被殺或受傷——這是非常令人沮喪的前景。不過，每次的戰役都只持續一天，一年的其他三百六十三天，士兵多半和敵軍甚至不會有密切的接觸。很多時候他們或許寒冷、潮溼、疲倦且飢餓，但一年可能有一半的時間可以睡在室內。對於自己一年內會死亡或受傷的可能，或許可以用其他人面對人終究不免一死的相同方式去處理：忽視它。不過情況現在變得很不一樣了。

---

11 譯註：作戰受傷流血會得到獎章，這裡的「棕色的血」是指害怕到嚇出的屎。

> 沒有所謂「習慣戰鬥」這回事。戰鬥的每一刻都會造成極大的壓力，因此他們的崩潰會與暴露於戰場中的強度和持續時間有直接的關係。
>
> ——美軍對戰鬥心理影響的調查[6]

自十九世紀以來，單日戰鬥的死傷人數已經大幅下降：在二次世界大戰中，一個師級規模的部隊在激烈戰鬥中，平均一天約損失百分之二的人員。問題是現在的戰鬥可能持續好幾週——而且是一場接著一場，間隔時間非常短。

累積的傷亡比例和過去大致差不多，步兵在一年內有一半的機會死亡或受重傷，但是戰鬥的心理衝擊非常不一樣。部隊天天受到砲擊，敵軍始終在不遠處，而且他們生活在持續有人死亡的情境中。這無可避免會摧殘他們對自己存活的信心，最終摧毀所有人的勇氣和意志。正如巴格納爾寫的：「一開始時你充滿勇氣、渾身是膽，隨後便慢慢消退；如果你非常勇敢，它的消退會難以察覺；但它確實在消退……而且從來勇氣只會越來越少。」[7]

美國軍方在二次大戰期間做出的結論是，幾乎每一個士兵，如果逃過死亡或受傷的命運，都會在兩百到兩百四十個「戰鬥日」之後崩潰。較頻繁輪調他們前線部隊的英軍，則估算是在四百天之後，但他們也同意崩潰是不可避免的。大約只有六分之一的傷亡是精神問題造成的，但那是因為大部分的戰鬥部隊都無法存活到精神崩潰的時刻。

在每支軍隊裡，戰鬥步兵經歷的軌跡都一樣。在戰鬥的最初幾天，他們會經歷持續的恐懼和憂慮（雖然他們會試圖隱藏）。一旦他們學會分辨戰鬥中真正危險和只是嚇人的情況，他們的信心和表現就會持續提升。在三個星期之後，他們會到達巔峰——接下來就開始漫長地走下坡。

據兩位在一九四四年隨同一支美軍步兵營作戰的軍隊精神科醫師報告指出，到了持續戰鬥的第六個星期，大部分的士兵已經相信自己的死亡是無可避免，也不再相信他們自己的技能或勇氣有辦法改變這個結果。他們會持續作戰幾個月，但效率逐漸降低，到最後，如果他們沒有陣亡、受傷，或從戰場撤離，結果都是一樣的。

> 就他們看來，情況是徹底絕望的……。精神狀態惡化得如此嚴重，以致連指望（這名士兵）去傳達口頭命令都不可能……。他幾乎無時無刻都待在散兵坑裡或附近，在激烈戰鬥時幾乎什麼都不能做，只是不斷地顫抖。
>
> ——巴格納爾，《攻擊》（*The Attack*）（一九四七年）

到這時，「兩千碼凝視」（two-thousand-yard stare）[12]出現了。下一階段則是出現僵直症（catatonia）症狀或完全失去定向感，以及崩潰。[8]

然而真正崩潰的部隊相對很少，因為會有源源不絕的人來取代傷亡的士兵（包括那些飽受「戰鬥疲勞」之苦的人）。因此，在現代戰爭中長期作戰的大多數部隊，都是一種令人不大自在的混合體，它包括一些新手與充滿不確定性的補充兵、一些老兵（其中許多人接近崩潰邊緣），以及一大群仍處於從「菜鳥」到筋疲力竭的過渡階段的士兵——從部隊的角度而言，這群人數量越多越好。

這些人是軍官為了達成任務必須「用掉」的人。美國陸軍准將S．L．A．馬歇爾（Brig. Gen. S. L. A. Marshall）是二次世界大戰的老兵，也是二次世界大戰和韓戰的史學家，他對這些人的精神狀態有精湛的描述。

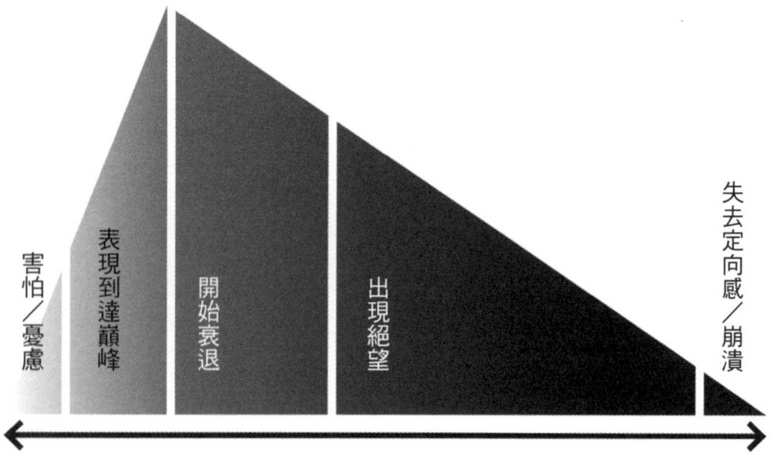

> 無論在哪裡觀察戰場上的部隊，都可以看到恐懼普遍存在於士兵之中，但進一步觀察便會發現，士兵們通常不願意讓他們的恐懼表現在具體行為中，因為同袍會把那些行為視為懦弱。多數人不願冒太大的風險，也不渴望扮演英雄，但他們同樣不願被視為現場最沒價值的人……。
>
> 只要部隊處在實際的危險之中，恐慌的種子就始終存在。自我紀律的維持……要仰賴在部隊內部維持紀律的表象……。當其他士兵逃跑，社會壓力解除，一般士兵的反應會像是職責得到解除一樣，因為他知道在整體崩解的情況下，他個人的失敗不會特別引人注目。[9]

而且，直到二次世界大戰結束，各國軍隊都沒有意識到，他們大部分的士兵就算沒有逃跑，實際上也沒有殺死任何人。

---

12 譯註：「兩千碼凝視」並非正式的醫學用語，常用來描述因為經歷戰鬥壓力或砲彈休克（shell shock）而出現的空洞、無焦點的凝視。現在也被用來指從處於壓力情況或患有某些心理健康疾病的人身上所觀察到的無焦點的凝視。

不情願的殺手

數千萬的男性和越來越多的女性見證過戰鬥，但其中仍有神秘之處。殺人和被殺並非一筆正常的交易。

> 軍方下達的要求是其他人很少會做的要求，當然有些情緒不穩的人會談及被訓練去殺人這檔事……。做為一個軍人的本質，並不是去殺人，而是被殺。你是自願獻身被殺戮，而非把自己設定為殺手。這一點可能令人感到深奧，不過其中確實有值得深思之處。
>
> ——哈克特將軍

對門外漢而言，哈克特對「做為一個軍人的本質」的定義，聽起來似乎浪漫得可笑，但其中確實有值得深思之處。士兵知道自己可能會死，但是如果自己可以決定的話，大部分人都非常不情願去殺人——而且一旦真的殺人了，即使是在戰鬥中，他們許多人情緒上也會大受影響。

你思考了一下，知道你必須去殺人，但你並不清楚這意味著什麼，因為你所生活的社會裡，殺人是最令人髮指的罪行……。

我完全嚇壞了——嚇到呆若木雞——但我知道一定有個日本狙擊手躲在岸邊的小漁屋裡……而且沒別的人能上……所以我只好往小漁屋衝過去，我進入屋裡，發現空無一人。

屋裡有一扇門，這代表著還有另一個房間，而狙擊手就在裡面——於是我破門而入。我完全被恐懼所控制，害怕這個人會等著我出現，然後對我開槍。但事實上，他被卡在狙擊手的吊帶裡，無法立即迅速轉身。他被吊帶纏著，於是我用點四五手槍殺了他，同時感到懊悔和羞恥。我還記得自己愚蠢地低聲說出「對不起」，接著就開始嘔吐……我吐得一塌糊塗。那是對我從小所受教導的一種背叛。

——威廉・曼徹斯特（William Manchester）

曼徹斯特一九四五年在沖繩作戰時，是一名二十三歲的下士，在他加入美國海軍陸戰隊之前，大概從沒想過殺人這回事。當然他會對自己所做的事感到痛苦不安。嘲笑他的人會說，他的問題不過是「現代人的感性」，並會指出他十七、十八世紀的祖先們可是把公開處決視為一種娛樂。他們還會堅稱，如果角色互換的話，這個日本狙擊手可不會因為殺了曼徹斯特而感到同樣的不安。不過，軍方本身非常嚴肅看待這個問題。

馬歇爾在一九四七年寫道：「我們不太願意承認，戰爭就是殺戮的事業。」不過今日的軍隊很清楚知道，他們招募的新兵充其量只是不情願的殺手。因此他們會馬上把入伍新兵隔離六到十二個星期，進行他們所謂的「基本訓練」。那其實和教導他們如何使用武器沒有太大關係。

基本訓練是一個轉化的過程，過程中新兵不斷接受體能的壓力和心理的操控。目的是要壓抑他們的平民身分，給予他們一套全新的價值觀、忠誠度和反射反應，讓他們成為順從、甚至自動自發的士兵。一般來說這種訓練都有效，雖然平民身分只是暫時隱沒，並未根除。曼徹斯特殺人

在聖地牙哥陸戰隊召募站，一名新兵回應教官的指令

時是受過訓練的士兵，但接下來是以過去的身分對自己的行為做出反應。

「我想，你可以說我們稍微給他們洗腦，」隔了整整兩個世代之後，美軍陸戰隊在東岸帕里斯島（Parris Island）訓練基地的一名陸戰隊教官如此說道，「但他們是好孩子。」他們一直都是好孩子，只不過直到二次世界大戰尾聲，軍方仍不知道在經歷過這一番訓練之後，他們之中的大部分人仍不願意去殺人。正是同一位馬歇爾——當時身為上校，擔任戰鬥史學家——在一九四四至四五年間，透過對在太平洋和歐洲戰場的美軍步兵部隊進行戰後訪談發現，即使在激烈的戰鬥中，也只有四分之一或更少的士兵曾動用他們個人的武器。馬歇爾說，他們並沒有臨陣脫逃，但是當關鍵時刻來臨時，他們依然無法下定決心去殺人。

天生殺手？

能夠忍受戰鬥的精神和肉體壓力的人，對於殺害另一個人，內心仍懷有一種深刻且往往未被察覺的抗拒，如果有可能擺脫責任，他不會出於自願去奪走生命……。在關鍵的時刻，他成了基於良心的拒絕服役者。

——馬歇爾，《戰火英雄》（*Men Against Fire*）（一九四七年）

這個結果令軍方大感驚訝，其領導階層過去一直認為，在戰鬥中，就算不是所有士兵，大部分的士兵光是為了保護自己生命，也會向敵人開火。不過，他們非常嚴肅地看待這個問題，並改變了訓練部隊的方式。在長長的草地靶場盡頭，畫了靶心的標靶已不復見；士兵現在是對著彈出的人形靶射擊，如果幾秒內不開火，人形靶就會再次消失。他們說這是為了「建立反射反應路徑」。

他們也用更直接的方式處理士兵不願意殺人的問題。到了一九六〇年代，海軍陸戰隊的新兵在早上的體能訓練課程中跑步時，每次左腳落地都要喊一聲：「殺！」這個訓練似乎有效。據馬歇爾報告，早在一九五〇年代初的韓戰，約有半數的士兵會在戰鬥中開火，而到了一九六〇年代後期的越戰，幾乎所有士兵在一些周邊陣地防禦危機時，據稱都會動用自己的武器。

馬歇爾認為，這個問題有可能是在二次大戰才出現的，因為大部分的士兵在戰場上不再受到他們的士官和軍官的直接監督。在歷史上的大多數時期，戰鬥的環境是極端擁擠的。在羅馬軍團中、在十八世紀戰列艦的火砲甲板上，或是拿破崙的步兵營裡，士兵們可說是名副其實地「並肩」作戰。有這麼多人一起經歷著相同的苦難，對每個人都施加了巨大的道德壓力，迫使他們要盡忠職守——而士官們的在場，意味著任何逃避職責的行為都將立即受到懲罰，有時甚至是處死。

即使是在一次世界大戰的戰壕裡，士兵身邊也有其他的人，而且在進攻時通常可看到整個連隊的人。但是到了二次大戰，火砲和機關槍的殺傷力迫使步兵必須大範圍地分散開來，以致士兵們實際上都是獨自一人待在散兵坑裡，無人監看。馬歇爾推論，在這種孤立的環境下，士兵可以自由選擇避免殺人，而不會為自己招致恥辱或懲罰——於是大多數人也這麼做了——至於負責機關槍和其他需要多人操作武器的人，在戰友的注目下，則繼續如預期地履行他們的責任。

從馬歇爾的研究得出的合理推論是，不願殺害另一個人是普遍現象。如果德國和日本的士兵明顯更有意願去殺人，無論是因為他們生長於特別好戰的文化，或是他們接受過更有效的洗腦，那麼他們應該在瞄準敵人的射擊量上享有極大的優勢，並打贏每一場對抗美軍部隊的戰役。

從人類的角度來看，每一個民族和文化的大多數人都強烈反對、並在可能的情況下避免殺死其他人，是個好消息。比較令人沮喪的是，我們也了解到，透過一些基礎的心理制約和訓練，他們很容易就會受到誘騙而去殺人。不過在馬歇爾過世之後，學術界曾大力試圖否定他的研究成果：批評者說他的研究方法草率、說他的結果被一廂情願的想法所扭曲，或說他只是憑空杜撰。

對他研究方法的批評確實有其根據，但這場爭議引發的一個副作用是，促使人們從其他時代與地點去尋找相同行為的證據，結果他們找到了。他們發現在一百多年前，許多士兵同樣曾默默地拒絕殺人。

美國南北戰爭的蓋茨堡戰役（Battle of Gettysburg）（一八六三年）之後，從戰場上撿到的遭丟棄的兩萬五千五百七十四把火槍（musket）當中，有百分之九十已經上膛，這顯然並不合理，如果丟下武器的士兵們（推測是因為喪命或受傷）將子彈上膛後立刻擊發的話。事實上，幾乎有一半的火槍（一萬兩千枝）不只上膛過一次，有六千支火槍的槍管內塞了三到十發的子彈，儘管在這種狀態下，火槍真的擊發的話應該會爆炸。唯一合理的解釋是，衝突雙方的許多士兵都無法逃避裝填子彈這個顯眼的程序，但只有假裝開火。我們也可以假設，還有更多人真的上膛且開火，但只瞄準高處避免傷人。

加布雷斯基（Gabreski）在擊落第28架敵機後，坐在他的P-47雷霆戰鬥機駕駛艙中（1944年7月）

少數人似乎是不需要特別加以說服的「天生殺手」。這不表示他們是殺人犯，而是當情況讓殺人變得必要、甚至值得讚揚時，他們不會感到一般人的那種抗拒。舉例來說，美國空軍發現在二次大戰期間，只有不到百分之一的戰機飛行員可以成為「王牌」（'aces'）飛行員（這個術語源自一次大戰，代表至少摧毀了五架敵機的飛行員）；他們也發現，有百分之三十到四十的敵機，都是被這些極少數的飛行員所擊落。在此同時，大部分的飛行員從未擊落過任何人。沒有證據顯示這些多數人是較差勁的飛行員；比較可能的是，他們就是缺乏那種殺手本能。

「他們看起來就像螞蟻。」

隨著扣扳機的手指和射擊目標的平均距離增加，非天生殺手的抑制力也會減退。即使是五百公尺的距離也已足夠。當一九四四年六月六日美軍部隊在諾曼第登陸時，海恩・瑟弗洛（Hein Severloh）是名二十歲的德意志國防軍二等兵，正操控著一架機關槍，俯瞰奧馬哈海灘（Omaha Beach）。他所在的碉堡是少數沒有被盟軍戰機轟炸和軍艦砲火摧毀的碉堡之一，而就在瑟弗洛二等兵這第一天也是最後一天的戰鬥中，這座碉堡前四千一百八十四名美軍傷亡人數中的至少一半，都是由他那架機關槍造成的。他連續開火了九個小時，只有在槍管過熱需要更換時才暫停，當美軍士兵從五百公尺外淺海上的登陸艇下船時，他便開槍射殺他們。

「在那個距離，他們看起來就像螞蟻一樣。」瑟弗洛說道，他對自己的作為毫無遲疑。但在歇火的片刻，一個逃過屠殺的美國年輕人跑上了沙灘，瑟弗洛隨即拿起他的步槍。子彈擊中了這名美國大兵的前額，使他的鋼盔旋轉飛落，他癱倒在沙灘上死去。在那樣的距離，瑟弗洛看得見他臉上的扭曲表情。「直到那一刻，我才意識到自己一直在殺人。」他說。「我到現在〔二〇〇四年〕都還會夢見那個士兵。我一想到這件事就覺得不舒服。」

如果五百公尺的距離能夠讓人對武器殺人的現實產生某種程度的隔離感，那麼十倍於此的垂直高度，就會讓人完全看不見這個現實。

> 看來彷彿整個漢堡市從這一頭到另一頭都在燃燒，一根巨大的煙柱聳立在我們上方——我們可是在兩萬英尺的高空！
>
> 在黑暗中，有一道翻騰的半圓形鮮紅火焰，彷彿一座巨大火盆中被點燃並熾熱燃燒的中心。我看不到街道，看不到建築物的輪廓，只看到更明亮的火焰像黃色的火炬在鮮紅色灰燼的背景中閃耀。城市上空籠罩著一層朦朧的紅色薄霧。我朝下看，既著迷又震驚，既滿足又恐懼……。我們實際的轟炸，就像是往熔爐再添了一鏟煤。

——一九四三年七月二十八日，在漢堡上空的英國皇家空軍機組人員[10]

七十五年之後，二次大戰的轟炸機飛行員如今已經轉變為戰略空軍司令部的「作戰小組」，他們一邊上著MBA函授課程，一邊等待著（幸好從不曾到來的）洲際彈道飛彈的發射命令，或等待著無人機操作員殺死在他影片螢幕中數千哩外的「目標」。

無人機駕駛是否會夢見爆炸的羊？

我最喜歡的是，這份工作提供我各種可能的前景。我可以參與許多不同類型的運動。而且我認為薪水很不錯。我幾乎不需要付房租或帳單，所以我賺到的錢有更多是我自己的。操作UAS（Unmanned Aerial Systems，無人飛行系統）非常有趣，也讓我們位居阿富汗所有任務的核心。

——英國陸軍的「無人飛行系統砲手」線上招募廣告[11]

第一起無人機武裝攻擊發生在二〇〇一年，但由於技術大幅進步，從二〇〇八年左右開始，這種武裝攻擊迅速增加。二〇一九年，在阿富汗一天最多有四十起攻擊發生，非政府組織Airwars估計，截止二〇二〇年十二月為止，在敘利亞、伊拉克、葉門、利比亞和索馬利亞，無人機攻擊總共奪走了五萬五千五百零六人的生命。[12] 美國空軍現在訓練操作無人飛行載具（Unmanned Aerial Vehicles，簡稱UAVs）的人數，已經超過駕駛戰鬥機和轟炸機飛行員的總人數，而這些「反恐」任務的規模與地理範圍之廣，也重新引發關於從空中殺人（其中許多人是平民）者的道德地位這個古老又令人不安的爭論。

在二次大戰中，英國、加拿大和美國攻擊德國的轟炸機飛行員驚人的傷亡（大約百分之五十的死亡率），很大程度上使得他們的轟炸行動免於受到道德正當性的批評，但無人機的駕駛無需冒生命的危險。即使是在軍方內部，也有對他們道德地位的質疑，主要的質疑在於，他們是否應該被授予和親身經歷戰鬥的人同樣的榮譽和地位。

就算無人機操作員在工作時穿著飛行服（在一些國家的空軍是如此），真正的「戰士」也不希望單純的「網路戰士」貶低了英雄氣概的價值，這種英雄氣概是他們自己與外人眼中賦予他們價值的根基。二〇一三年，美國國防部提出一份提案，要專為無人機飛行員設立一個「傑出戰鬥勳章」，等級還高於某些美國英勇戰鬥勳章，此舉引發了部隊和退伍軍人組織的強烈不滿。美國退伍軍人協會（American Legion）的全國總指揮官詹姆士・庫茲（James E. Koutz）說，他的組織「依然相信，那些在遠端或透過電腦作戰的人，跟與試圖殺死他們的敵人作戰的人，有著根本上的差別」。[13] 兩個月後，國防部長取消了這個新的勳章。

平民關心的層面則有所不同。他們擔心的是這種神級的科技，讓個人得以毫髮無傷，從空中殺人於無形，這不只會產生道德麻木，還會導致嚴重的濫用，特別是這類任務都是在高度機密狀態下進行。他們對像是空軍元帥格雷格．巴格威爾（Greg Bagwell）這樣的軍事狂熱分子抱持合理的懷疑，這位英國皇家空軍的前作戰副指揮官曾主張招募「剛打完電動從臥房走出來的十八、十九歲年輕人」來操作這種武器。[14]不過事實上，今日的無人機飛行員並沒有道德麻木。比起一九四三年在漢堡上空的年輕人，他們更清楚知道他們的受害者是誰，以及受害者究竟遭遇了什麼。

今日大部分的無人機攻擊是發生在「反恐」和其他反叛亂行動的背景之下，以及沒有進行戰爭動員的平民社會中。反叛亂戰爭（counter-insurgency war）的基本道德和正式準則，都要求無人機攻擊小群體的叛亂分子——往往只是單一的「恐怖分子」——時不可對其周遭的無辜人士造成大量傷亡（包括攻擊目標的家人、朋友和鄰居）。無人機操作員通常會花好幾個小時、甚至好幾天來觀察目標的日常活動，以便先確認他們的身分無誤，接下來再找出一個既能擊中目標、又不致危害到其他人性命的時間和地點。

這是理論上的情況。實務上有時不是那麼謹慎，偶爾會有巨大的時間壓力，也會發生許多錯誤而奪走無辜的生命。不過無人機操作員在動手殺人之前，確實經常會去「認識」他們的攻擊對象，甚至是他們的家人。他們也可能被要求事後持續監控該地區，確認攻擊對象是否已經死亡，以及誰來參加喪禮等等——更別提那些常常被否認的「雙連擊」（'double tap'）攻擊，就是同一天稍晚對前來搶救和（或）哀悼的人發動攻擊。無人機操作員的生命從不會面臨風險，而美國空軍的航空醫學院所做的調查也顯示，他們罹患ＰＴＳＤ（創傷後壓力症候群）的機率不會比其他未曾經歷戰鬥的美國軍人高，大約是百分之二到百分之五，這和美國成年平民一年內罹患ＰＴＳＤ的機率差不多。不過，許多無人機操作員確實會因為他們的所見和所為而產生強烈的情緒反應，有百分之十一的人表示經歷過高度的「心理困擾」（'psychological distress'）。[15]

用「道德傷害」（moral injury）這個術語來形容這種困擾，正逐漸在軍事醫療界得到認可（但也有相當大的阻力）。在一份未發表的論文中，一位前無人機操作員把這種現象和「認知戰鬥親密感」（cognitive combat intimacy）做了連結，即透過高解析度影像密切觀察暴力事件而形成的一種關係依附。在其中一個段落，作者描述一個場景，一名操作員執行攻擊任務，擊斃了一位「恐怖分子協助者」，但放過了他的孩子。之後，「這個孩子走回他父親支離破碎的屍體旁，開始把屍塊拼湊回人形，」令這名操作員感到震驚與恐懼。他的結論是，他們越是持續觀察攻擊對象的日常生活——穿衣打扮、和自己的孩子玩耍——他們遭遇「道德傷害的風險」就越大。[16]

所有這些行動，人類仍參與其中。接下來會發生的事才真正令人擔憂。

誘人的致命自主武器系統

> 我猜，〔在二〇三〇年代〕我們或許會有一支十二萬人的軍隊，其中有三萬是機器人。誰知道呢？
>
> ——英國國防參謀總長尼克・卡特將軍（General Sir Nick Carter），二〇一〇年十一月[17]

英國軍方目前連招募到八萬兩千零五十人的法定兵力上限都有困難，因此可以理解他們對非人類補充兵的興趣。已開發國家的大部分軍隊都面臨類似的問題。此外，「機器人」可以被設定去執行若由人類來執行會損失太多人命的戰鬥任務，而且如果它們大量「陣亡」，也不會在國內激起伴隨慘重人員傷亡而來的政治反彈。不過，如果這些機器人在戰鬥中的行為必須由人類來監督，那就節省不了人力，而且會大量延長反應時間。特別是殺人或不殺人，是必須在瞬間做出的決定。

令人不快但無法避免的結論是，為了在戰鬥中發揮作用，這些機器人必須成為所謂的

---

13 編按：精神科學家喬納森・謝伊（Jonathan Shay）與其同事根據軍人與退伍軍人患者提出的大量敘述所創造的名詞。後來泛指當個人感到核心道德信念受到侵犯或背叛時，所產生的存在層面、心理、社交、情感或靈性上的損害，可能的表現有羞愧、內疚、自責或自我破壞行為。

「致命自主武器系統」（Lethal Autonomous Weapons Systems，縮寫簡稱LAWS），可以自行做出自己的殺人決定。這會帶我們深入電影《魔鬼終結者》的國度，那是任何理智的人都不想去的地方。或者更確切地說，如果你直接提出選擇，人們絕對不會去，但實務上當然不會用這種方式提出這種選擇（而且這裡所指的武器，看來和阿諾．史瓦辛格也不會有絲毫相似之處）。

這些假設性的致命自主武器系統要成為事實，還得要等到人工智慧有顯著進展之後（臉部辨識軟體或許發展得還不錯，但連會跳舞的機器人都少之又少）。在人類軍隊所創造的複雜戰鬥空間裡，要設計出能安全操作（從己方的角度而言）的武器化機器人，將是很不容易的事。不過，為極端分子或反叛軍提供庇護的一些廣大、無人管轄的空間，則為提早部署這類武器提供了誘人的機會。一萬部下一代的致命自主武器系統，不需要無人機駕駛操控，就可以用非常合理的成本，在面積相當於阿富汗的國家的鄉村地區追蹤和識別出叛亂分子。

每部量產的最先進致命自主武器系統無人機造價五百萬美元，若以五年為期投入五百億美元的資本支出，加上每年持續投入一百億美元的經常性支出，就能讓你在阿富汗鄉村地區每一塊二十五平方英里的區域都部署一部殺手無人機——這只不過是美國「戰爭基金」[14]預算的一小部分。只要出現任何反叛軍活動的跡象，例如攜帶武器，目標就會被殲滅。當然會有些附帶損害（collateral damage），但涉及的不是你的國人同胞，考慮到可悲的現有政策選項，你真的會很在意嗎？

我們或許需要十年或更久的時間才能擁有成熟的致命自主武器系統技術，但除非在相對不遠的未來有形成一個國際共識去禁止，否則它必定會出現。率先跨越這條無法回頭的界線的不一定是美國：一旦任何主要大國取得這項技術，其他國家必然會跟進。

它對大規模、高強度的戰爭帶來的衝擊或許相當有限，因為在那種戰爭中，即使是人類決策者也能幾乎毫無限制地進行殺戮，但對於反叛亂行動的影響可能非常巨大。致命自主武器系統將減輕在阿富汗或索馬利亞等地結束「永久戰爭」的政治壓力，而無情的獨裁政權將擁有一項強大的新工具，來幫助他們無限期掌握權力。

透過國際條約，已相當程度成功禁止了毒氣和生化武器，較非正式的國際共識也大致消除了如地雷和致盲雷射科技等有害但非決定性的武器。致命自主武器系統尚未成為無可避免的現實，由「阻止殺手機器人運動」（Campaign to Stop Killer Robots）所領導的一個非政府組織網絡，自二〇一三年起便致力於推動把一項聯合國支持的致命自主武器系統禁令納入國際議程。在寫作本書的同時，已經有三十個國家明確支持這樣的禁令，還有六十七個

14 用於補充國防預算，目前每年大約為六百九十億美元。

國家表達積極的關注。[18]

不過，我們還有點言之過早。

2019年4月，友善機器人大衛・瑞克漢（David Wreckham）在英國國會大樓外的反對殺手機器人活動中分發宣傳單

第3章

從第一座有城牆的城市說起

西元前三五〇〇年至前一五〇〇年

第一場軍隊戰役

我們不知道第一場真正的軍隊之間的戰役發生在何時，不過可能是在五千五百年前蘇美人的土地上，即今日的伊拉克。當時的軍隊攜帶的武器，應該跟數千年來獵人和戰士們用來對付動物和彼此的武器一樣——矛、刀、斧頭，也許還有弓箭——但是他們的人數應該比任何狩獵採集的群體多出十倍或二十倍，而且至少有幾分鐘的時間，他們會聽從單一指揮官的命令，真正起身戰鬥。狩獵採集者永遠不會做這種事；只有農耕者才有這樣的人數、承諾和適當的社會結構。

然而，可能有個很早出現的例外。在一九五〇年代，考古學家發現耶利哥（Jericho）在一萬多年前——介於西元前八五〇〇年到八〇〇〇年之間——就成為世界上第一個有城牆的城市。它的城牆至少有十二英尺高、六英尺厚，基部有十英尺深的石砌護城河，城牆圍繞著一塊十英畝的區域。在城牆內生活的人最多可達三千人，在中央有一座二十五英尺的高塔，有可能是做為最後的避難所或是保留給最重要居民的住所。城牆的結構相當精密，顯然不只是為了防洪，也暗示了這可能是個軍事化的社會，保護著某件其他人極度渴望到想發動攻擊奪取的東西。這項珍貴的資產就是耶利哥的含水層，其中的水從城市周圍的一連串天然梯田中流出。

耶利哥的城牆出現在一段長達兩千年的時期結束之際，當時在肥沃月灣的當地狩獵採集者「納圖夫人」（Natufian）雖然持續獵捕野生動物，但也花越來越多時間採集野生植物。他們的半永久性聚落包含存放穀物的坑洞，但在西元前八五〇〇年左右，轉趨乾燥的氣候條件導致聚落數量大幅減少。隨之而來的食物短缺，可能促使納圖夫人從單純收割野生穀物轉向刻意播種穀物，同時，食物短缺也可能導致飢餓的部落曾一次或多次試圖奪取耶利哥含水層的控制權，因為誰控制含水層，誰就擁有水源，從而擁有食物。這一切可以解釋那些萬年城牆存在的原因，但危機過去了，隨後的三千年間，在肥沃月灣並沒有其他城牆存在的證據。真正的戰役還需要很長的醞釀時間。

接下來我們知道的城鎮，是將近一千年後在距耶利哥北方六百英里的加泰土丘（Çatal Hüyük），這個五千至七千人口的社群，於西元前七一〇〇年到五七〇〇年之間，在今日土耳其南部的孔亞（Konya）附近繁榮發展。房舍以蜂巢式結構建成，之間沒有街道或巷弄，入口是在城牆或屋頂的高處。沒有任何可以抵擋正規軍隊的防禦工事，即使連一天都抵擋不了。

這裡有存放小麥和大麥的儲存箱，因此某種農業已經在發展，但居民也依靠狩獵和在河谷間蒐集野生植物、水果和堅果維生。他們必然已馴養了羊群，並有跡象顯示他們也在馴養牛隻。這裡沒有較大的住宅或儀式性的建築，代表他們仍是個平等主義的社會，隨葬品也顯示女性的地位和男性類似。整體而言，他們看起來非常像某些決定聚在一起並搬進室內的狩獵採集群體的後代。

就在這個介於西元前六千到四千年的時代，所有的「起源作物」（founder crop）[15]和山羊、綿羊、豬、牛都被馴化，但很少人跟隨加泰土丘的榜樣建立「原始城市聚落」（proto-urban settlement）。蘇美是其中的例外，這片在幼發拉底河下游的溼地，被後來的希臘人稱為美索不達米亞（Mesopotamia），如今則稱為伊拉克。美索不達米亞是一片平坦、幾乎沒有地形特徵的平原，由底格里斯河和幼發拉底河沖積而成，這兩條河排出了肥沃月灣大部分高地的水。這裡的土地驚人地肥沃：是由過去的洪水沉積而成的純淤泥。在這片土地上，一年可以輕鬆收成兩次，不過居住在蘇美的人們，此時還不是全職的農民。

幼發拉底河下游的最後一段是狩獵採集者的樂園：你也可以說它是「伊甸園」。在當時它有無比豐饒而多樣的食物來源，能讓依狩獵採集者的標準而言也算密集的人口居住在一起，同時仍維持傳統的生活方式：捕魚和採集貝類、狩獵候鳥和鹿、採集野生植物，並且進行一些低環境衝擊的農業——只要把種子撒在你知道河水會氾濫的地方，就可以等著它在洪水退去後從肥沃的淤泥裡生長出來。

蘇美最早期的居住者基本上說的是相同的語言，不過他們創造了至少十幾個聚落，在西元前四千年初發展成了小型的城邦國家。不過，戰爭並不常見、也不嚴重。因為蘇美人很早就想到一個方法：用宗教做為一種非軍事的權威來源來解決紛爭。他們沒有國王或是永久性的世俗領導者，但他們確實有神廟的祭司，他們的角色除了取悅天神，就是和平地調解紛爭，不只是本地居民當中，也包括鄰近聚落之間的爭執。偶爾發生的戰爭是以典型的狩獵採集者形式進行，他們的城牆（如果有的話：目前沒有其存在的證據）應該是為了防範突襲。真正大型的防禦堡壘還要過很久之後才會開始興建。

神廟的祭司為蘇美帶來了五百年或一千年的相對和平——但持續成長的人口終究讓城邦之間的衝突變得無可避免。人口快速增加是因

15 肥沃月彎的起源作物包括：小麥（單粒小麥與雙粒小麥）、大麥、豌豆、扁豆、鷹嘴豆、苦豆、亞麻。

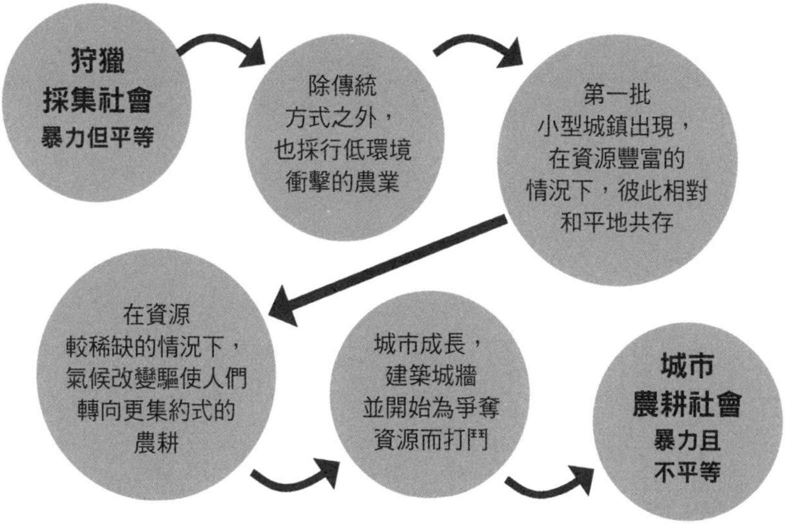
狩獵
採集社會
暴力但平等
除傳統
方式之外，
也採行低環境
衝擊的農業
第一批
小型城鎮出現，
在資源豐富的
情況下，彼此相對
和平地共存
在資源
較稀缺的情況下，
氣候改變驅使人們
轉向更集約式的
農耕
城市成長，
建築城牆
並開始為爭奪
資源而打鬥
城市
農耕社會
暴力且
不平等

為，這些新聚落的婦女無需再限制自己隔四年才能再養育一個存活的嬰兒（遊牧民族的母親無法同時帶著兩名幼兒）。西元前三五〇〇年，當氣候又進入另一個乾旱期，野生的食物來源減少，人們不得不轉向農耕——但良好的農地也變得稀缺，因為河水氾濫的高度和時間都縮減了。這些步行距離只有兩到三天的城市，開始為爭搶農地而打鬥，到了西元前三二〇〇年，全世界最大的城市烏魯克（Uruk）（人口：兩萬五千至五萬人）周圍建起了城牆。很快地，蘇美人的其他主要城市如基什（Kish）、尼普爾（Nippur）、拉格什（Lagash）、埃里都（Eridu）和烏爾（Ur）也都有了城牆。

這個新的城市生活型態為聰明或幸運的人們提供了許多累積各種財產的機會，包括土地，而富人和其他人之間的落差開始擴大。現在有些人比其他人更平等[16]，而其他人也只能默默接受。[1]

不過，有一群人擁有另一個選項。

殘酷的遊牧者是始作俑者？

幾乎可以確定的是，最早馴養綿羊、山羊和牛隻的是定居的群體，但這些被馴化的動物，卻創造了一個不同的全新生活方式的可能，即遊牧生活（pastoralism）。人們藉由放牧馴化的動物，並使用牠們的肉、毛皮、乳汁和血來支持一種全然獨立的生活方式，從而重獲獨立。這個選項對一些人應該深具吸引力，因為自由男女的價值觀和傳統，在農業社會中正被快速侵蝕。

大部分人必須接受新的規則，但是看顧動物的人卻有另一個選擇。他們本來就生活在農耕群體的邊緣，以防止動物們吃掉或踐踏農作物，而且他們在春天固定會消失，走入高地去尋找新鮮的牧草地。在某些時刻，必定有些放牧者會想到，他們不一定得回來。

放牧是一種嚴酷的生活方式，頭上沒有屋瓦遮蔽，也沒有太多物質財產，但它會吸引一些不喜歡定居群體生活的人。在西元前四千到三千年之間，整個中東地區已經出現許多牧民社會。這些人被稱為「遊牧者」(nomads)，他們的人數始終遠遠不及農民，也始終要依賴定居社會提供的較高等技術，包括他們的金屬武器。但它是擁擠的農耕生活型態的可行替代選項，而且遊牧者從一開始就對定居者懷有深深的鄙視。

這些牧民可能很快就會開始掠奪彼此的牲口，不過更有吸引力的選擇是去偷竊農民的動物——他們動手的同時，順便也可以拿走其他農民擁有、但他們沒有的貴重物品。這很

16 譯註：這句話的典故出自英國作家喬治·歐威爾在《動物農莊》中的一段話：「所有動物生來平等，不過，有些動物比其他動物更平等。」句中的「平等」一詞被當權者扭曲巧用，成了特權的同義詞。

誘人，而且很容易就能辦到。

當時的遊牧者還沒有馬匹，但即使是步行，他們也比農民更有機動性。由於他們的動物是跟著他們一起移動，因此他們可以在短時間內集中所有戰鬥力量攻擊一個選定的目標。農民無法做到這一點，因此在適當的日子與選定的地點，遊牧者通常有人數上的優勢。他們的慣用手法是出其不意的突襲，然後帶著戰利品迅速撤回高地——而由於他們帶著所有動物無法快速徒步撤離，所以會採取一些措施來阻止追擊。最直接的手段就是恐嚇、暴行和屠殺。

在承認彼此共同人性的群體之間的戰鬥，通常會受到習俗和儀式的限制，但同樣的群體在狩獵野生動物時則抱持較無情而務實的態度：欺騙動物，再予以獵殺。遊牧者和農民之間有著類似的心理關係：定居的人們被視為較低等的存在，不再是完全的人類。遊牧掠奪者將農民視為獵物，因此可以毫無顧忌地殺死他們，而整部遊牧者攻擊農民的歷史，正是前者對後者殘酷的施暴和蔑視的歷史。

這可能是這些城牆的另一個解釋。不需經歷太多次可怕的攻擊，就能讓農耕群體掀起一股築城牆的浪潮——還有軍事化的浪潮。事實上，有些歷史學家主張，這類的偷襲行動是定居群體間戰事強度逐漸升高的主要推動因素，因為農耕者也逐漸將遊牧者的殘酷無情引進他們自己的衝突中。[2]

如果你和遊牧者戰鬥，失敗的懲罰就是幾乎失去一切。因此我們可以想像，對個別戰士的紀律要求和指揮官行使的控制權都會逐步提高，因為這些改變會帶來更多戰場上的成功。對抗遊牧的偷襲者，這些更有效率的新戰鬥方式是不可或缺的——但人們一旦開始運用它們，他們與敵對的農耕群體越來越頻繁的戰爭，還會回歸到原來無效率的舊方式嗎？當然不會。於是，戰鬥的致命程度也開始升高。

有組織的殺戮

莫里俄奈斯快步追趕，漸漸逼近，
出槍擊中他的右臂，槍尖長驅直入，
從骨盆下穿過，刺入膀胱。
他雙膝著地，厲聲慘叫，死的迷霧把他團團圍繞。
墨格斯……殺了裴代俄斯……
犀利的槍矛打斷了後腦勺下的筋腱，
槍尖深扎進去，挨著上下齒層，撬掉了舌頭。
裴代俄斯倒身泥塵，嘴裡咬著冰涼的青銅。

歐魯普洛斯……殺了卓越的乎普塞洛耳……
追趕逃遁中的敵手，揮劍砍在他的
肩上，利刃將手臂和身子分家，
肩膀滴著鮮血，掉在地上，殷紅的死亡
和強有力的命運攏合了他的眼睛。
就這樣，他們在激烈的戰鬥中衝殺。

——荷馬，《伊里亞德》17 3

如上所述在特洛伊城牆下的戰爭，實際發生在約西元前一二〇〇年，但荷馬史詩完成的時間卻在約西元前八〇〇年。荷馬遵循他的文化傳統，將戰鬥描述成英雄名將之間的單打獨鬥，不過戰地的實際情況並非如此。這是一場步兵方陣之戰——第一支真正的軍隊——而且確實是一場激烈的交鋒。

在步兵方陣裡，士兵做的是人們過去不曾被要求的事。他們手中拿著矛和盾，必須排成三排或更多排長度達數百、甚至數千人的直線。不管地面多麼凹凸不平，仍得保持這個陣式，直到與敵軍接觸，而對方也是以同樣笨重的方式排列——一旦兩個方陣相撞，他們就必須開始推擠與猛刺，隨著士兵逐一倒下，兩邊陣式的最前沿會逐漸被侵蝕，直到有一方開始驚慌並試圖撤退。但他們後方還有其他尚未感受到恐慌而持續向前推進的士兵，於是，失敗一方的陣式凝聚力開始瓦解。一旦出現這種狀況，就註定失敗了：試圖逃脫的士兵發現自己被困在自己人之中，敵人則從背後將他們砍殺。

荷馬所描述的，正是戰鬥最後、也最不忍卒睹的階段，即「英雄們」在試圖逃脫時被人從背後砍倒。崇高的「戰士」詩句奠定了史詩的基調，不過現實卻是驚慌失措的年輕人拚命奔逃卻難逃一死。這是殘酷、蓄意且規模空前的殺戮，它開始的時間既不是荷馬所處的年代，也不是他的偉大詩作所設定的年代，而是早在一千多年前，在美索不達

17　譯註：此段採用的是翻譯家羅念生的譯文。

禿鷲石碑上的局部細節，約西元前2500年。

米亞的敵對城邦國家之間就已出現。

你可以在禿鷲石碑（Stele of the Vultures）上面看到一個方陣，這是最早描繪美索不達米亞軍隊的圖像，時間約在西元前二五〇〇年。拉格什的統治者恩納圖姆（Eannatum）率領著他的軍隊出戰，在他後方的是城邦的士兵。他們肩並著肩，盾牌彼此交疊，隊伍深達數排，每一排所有的矛都向前伸出陣列前方。幾乎可以確定他們正在齊步前進。當他們遇到來自鄰近城邦烏瑪（Umma）的敵軍方陣，必然會有一場短暫但野蠻的面對面衝突，時間一定不超過五分鐘，接下來就是對先被突破的方陣展開屠殺。禿鷲石碑宣稱，烏瑪軍隊有三千人死在戰場上——至於被俘虜的人則被押送回他們自己的城牆下，再予以屠殺。

更多人、更多城市、更多戰爭

大量的士兵明知有很高的機率會在接下來五分鐘內死去，卻仍願意堅守陣地，這在漫長的人類、靈長類，甚至是哺乳類歷史裡都沒有先例。要找到可以比擬的，我們要回溯到螞蟻聚落之間的戰鬥，但螞蟻至少還有共同基因遺傳特徵的藉口。遊牧者的攻擊或許讓戰爭普遍趨於更加殘酷，但這無法完全解釋城邦國家方陣所展現的驚人紀律和勇氣。

約西元前二七〇〇年，烏魯克城邦統治者吉爾伽美什（Gilgamesh）的傳奇故事，或許能告訴我們一些過程。有文字的歷史開始出現，因此我們終於有了一些人名、日期和故事，而立刻站上舞台中央的就是英雄吉爾伽美什，他成為烏魯克的大人（'lugal'）或國王。這篇史詩是常見的追尋故事——吉爾伽美什要尋求永生——再結合一些西元前二十七世紀烏魯克當地政治的隱秘描繪。從字裡行間推敲，他似乎顛覆了烏魯克舊有的參與式體制——一個類似元老院的長老議會，和一個由所有成年男性組成的公民議會——並將它們轉為服務他個人的目的。吉爾伽美什利用了與基什的爭端，並結合辯術和威脅，讓這些議會接受他對這座城市的領導權。不過，即使取得權力，吉爾伽美什仍未能成為絕對的君主：他必須讓人民站在他這一邊，而大多數人可能仍自視為擁有完整權利的公民，而非單純服從其意志的臣民。他並不能隨意命令他們。

這篇史詩或許就是一個過渡階段的縮影。財產和社會階級如今開始讓某些人的地位高於其他人，但平等的神話仍存在於全體成年男性組成的議會中。儘管存在兩千年的技術和文化差異，早期蘇美人的城邦和古典時期早期的希臘城邦**沒什麼兩樣**：有錢和出身好的人通常最終都能得到他們想要的，但公開的諮詢及尊重所有拿得動武器的公民在議會裡的共識，仍是需要遵守的禮節。[4] 這種平等主義價值觀的脆弱存續，或許是讓方陣得以存在的原因，因為如果全體成年男性都覺得自己參與了開戰的決定，那麼你就可以合理要求他們將生命置於危險之中，來履行這個決定。

方陣是極其有效的軍事工具，而且它也很廉價。只需每星期一個下午的空閒時間，士兵們就能受訓學會有效地使用簡單的矛和盾，以及在緊密的陣式中行動。青銅製的矛頭是裝備他們唯一明顯的花費，不過群體裡較富有的成員當然也會自行投資購買青銅頭盔和護脛。這是歷史上最划算的好交易之一：一支真正有效的軍隊，基本上無人能擋，除非遇上另一個方陣，而且幾乎不需要什麼本錢。

隨著幾個世紀過去，蘇美城邦裡的暴政日益深化，方陣的作戰方式也逐漸式微、最終消失，因為絕對的君主偏愛用雇傭兵組成的常備軍隊來打仗，讓大部分的廣大民眾沒有武裝、沒有訓練，也對政治消極被動。到西元前第三個千禧年的後期，方陣基本上已從美索不達米亞的戰場上消失。但戰鬥仍在繼續。

古典蘇美的十三個城邦，有好幾個世紀都處於與鄰國持續交替發生熱戰和冷戰的狀態。他們不經意地落入了一種權力平衡系統中，其中多數參與者都能存活，但需付出高昂代價。如果你是在戰敗的一方，只需堅持下去，直到其他參與者對大贏家日益增強的勢力感到不安，並轉換陣營予以牽制。亞諾馬米的村民一定認得出這種狀況，只不過這裡的規模要大得多。

權力平衡系統製造了頻繁的戰爭，但它已持續了五千年，期間只有少數的中斷。它不僅是存在於蘇美城邦的地方爭執中的組織原則，也是二十世紀初列強在全球對抗中的組織原則。結盟關係會改變，但戰爭是不變的常數：自一八〇〇年以來，英國和法國、法國和德國、美國和英國彼此都曾是敵人和盟友。基什、舒魯帕克（Shuruppak）、烏爾、尼普爾（Nippur）和拉格什無疑在忠誠度上也同樣變化無常，儘管我們無從得知它們當地權力遊戲的細節。而且，儘管人們每次都會告訴自己，戰爭是為了某個特定的原因——如「西班牙王位繼承戰爭」（The War of the Spanish Succssion），或是「詹金斯的耳朵的戰爭」（The War of Jenkins’ Ear）——但實際上是這個系統本身製造了戰爭。

現代的民族國家（nation state）在一八〇〇年至一九四五年之間，平均大約每一個世代會進行一次戰爭，而在這整段期間，大約每五年中就有一年是處於戰爭狀態。國家主權的概念，讓每個國家必須為自己的生存負全責，這只能靠擁有足夠軍事力量來確保，通常要靠與其他國家結盟來達成。早晚你都會犯錯——你的盟友背叛你，你的兵力部署錯誤——也因此，至少有百分之九十存在過的國家都曾被戰爭毀滅。

那麼禿鷲石碑上所描述和刻畫的衝突結果如何呢？這是拉格什對烏瑪的戰爭，雙方方陣在西元前二五〇〇年的某個時刻激烈交鋒，造成三千名烏瑪士兵在戰場陣亡。這兩個城邦試圖在整個蘇美地區建立霸權，隨著戰事的勝利或失敗，以及盟友一再地倒戈轉換陣營，戰略的優勢在一百五十年間不斷來回變動。最後，烏瑪的軍隊得到勝利，攻陷了拉格什城，洗劫了它的神廟，並在蘇美稱霸了幾年。接下來，烏瑪本身又被一個新的現象所征服：即全世界第一個軍事帝國。

第一個軍事帝國

吾乃薩爾貢（Sargon），偉大的王，阿卡德（Akkad）之王。
那個不斷周遊四方之地之人。

到西元前二十三世紀中葉，說閃米特語（Semitic languages）的新移民從今日敘利亞、黎巴嫩、約旦和以色列所占領的地中海東岸地區，往南移到了肥沃的美索不達米亞平原，並建立起他們自己的城市，但薩爾貢雖然是閃米特族出身，卻是在蘇美古城基什長大。他曾晉升為國王烏爾札巴巴（Ur-Zababa）的侍酒官，之後在一場政變中奪取了政權，政變的詳情始終無人知曉。他征服了烏魯克，又征服蘇美的其他所有城市，之後是埃蘭（Elam）、馬里（Mari）和埃爾巴（Elba）等高地王國。他任命了總督，設置常駐的禁衛軍，在每個新征服的省分制定稅收清單，並建立一個由中央掌控的官僚體系，從他新建的首都阿卡德進行治理。這是全世界第一個多民族的帝國。

薩爾貢的軍隊是一個規模龐大的專業化、多族裔部隊：他的其中一塊碑文便吹噓，每天有五千四百名士兵在他面前用餐。這是第一支可以遠征異地的軍隊，因為它擁有後勤補給線，能將物資運送到前線。這支軍隊可以透過破壞城牆地基或用雲梯攀越城牆，來攻陷重兵防禦的城市。

薩爾貢的士兵也許不曾在古典的方陣陣式中作戰。這種戰法恐怕會浪費他們的特殊才能。這些人擁有時間與技能，不只能精通長矛，還能使用複合弓這項當時的新式發明，這個武器在接下來數千年都是最好的拋射武器。他們甚至能夠駕馭戰車作戰。他的軍隊幾乎是戰無不勝。

阿卡德的薩爾貢可說是亞歷山

斯基泰人（Scythians）以複合弓射擊，克里米亞的克赤（Kerch），西元前4世紀

大大帝、拿破崙和希特勒的原型人物：他的目標是征服世界，或至少是當時世界中看似重要的部分。他的宣傳機器誇稱他的帝國幅員是「從下海到上海」（從波斯灣到地中海），但把這個帝國維繫在一起的只有軍事力量。他的軍隊一到別的地方作戰，被征服的城市和省分便發起叛變，而他的繼承者因為必須不斷努力維持帝國，最終筋疲力竭。阿卡德城本身在西元前二一五九年遭毀滅。然而，其他帝國仍無止境地相繼出現。

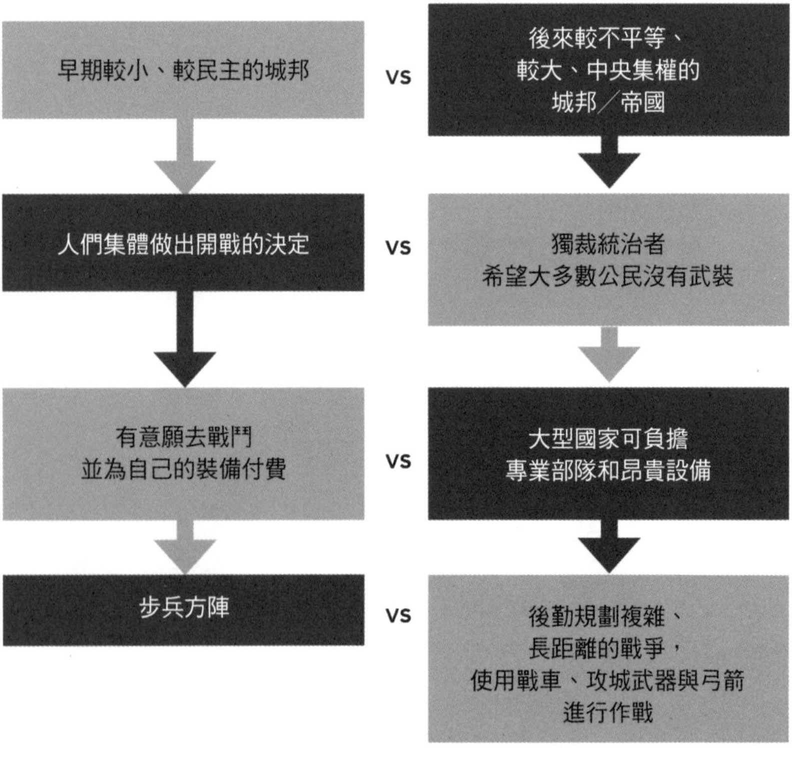
早期較小、較民主的城邦
vs
後來較不平等、
較大、中央集權的
城邦／帝國
人們集體做出開戰的決定
vs
獨裁統治者
希望大多數公民沒有武裝
有意願去戰鬥
並為自己的裝備付費
vs
大型國家可負擔
專業部隊和昂貴設備
步兵方陣
vs
後勤規劃複雜、
長距離的戰爭，
使用戰車、攻城武器與弓箭
進行作戰

蟻丘般的社會結構

到了西元前二〇〇〇年，絕大多數的人類都已是農民，而且幾乎都生活在極度不平等的國度，最上層是有半神地位的國王，最底層是大量的農奴和奴隸。這是否是生活在大型社會中不可避免的結果？

答案或許是肯定的。數量的問題無法可解，而且會持續很長一段時間。平等主義在每個人都互相認識的小型社會裡行得通：人們可以在社會裡的「阿爾法男性」勢力坐大之前就發現並消滅他，在其中，決策可以面對面辯論，直到有共識出現。如果新的生活方式要求你住在大很多的群體中，上述這些都無法奏效。如書寫、金錢和官僚制度等的新工具，有助於管理這些大型的新社會，但傳統的人類政治不可能有辦法延續。對四十人的社會有效的方法，無法用在四萬人的社會，更不用說是四百萬人的社會。除非某個創新方法出現，讓數量龐大的人能一起做決定，否則舊的政治制度無法存在。平等也是如此。

唯一真正有效的制度，是命令由上而下發布，底層如奴隸般地服從。一般古代帝國的社會結構更近似蟻丘，而非人類自己過去狩獵採集者的型態。但這些帝國始終是不穩定的，因為人類並未真正變成螞蟻；在咬緊牙關和低頭服從的背後，他們依然保有與過去相同的本性。必須使用武力，或至少是持續的武力威脅，才能讓這些剛被馴化的狩獵採集者後代服從統治，於是軍事化和暴政幾乎成為普遍現象。

在大型的農業社會，多數人都因為營養不良和無止境的勞動而發育不良、身形佝僂。女性是最大的輸家，不僅降格為社會地位低下的人，還被限制在無止盡生育的狹隘生活中，但也很少有男性會自願選擇農民、而非傳統狩獵者的生活。幾千年之後，文明的實驗終究會為至少部分的子孫帶來一些回報，但從西元前二〇〇〇年的角度來看，這是一場人類的災難。接下來，情況變得更糟。

第一個黑暗時代

黑暗時代並不只有一次。第一次是發生在西元前二〇〇〇年到一五〇〇年之間，當時，配備戰車的遊牧者征服了所有歐亞大陸文明的中心。從大部分有紀錄的歷史看來，古代世界的文明社會是農業人口密集的相對較小區域，位於中國、北印度、中東和歐洲。這些區域就位在草原以南或以西，而這片草原是從俄羅斯南部綿延到滿洲里（Manchuria）的五千英里寬的「草海」。它是騎馬的遊牧者的家鄉，他們不時會從他們的核心地帶衝出來，摧毀那些文明社會。

有兩件東西讓這些人得以殖民這片一百五十萬平方英里的草原。第一是馬，人類在西元前四千年之前在烏克蘭南部馴化了牠們。牠們遠比現代馬匹的體型小、體力也比較弱，但牠們讓遊牧者得以把他們的牲口移動到草原更深處。第二是在西元前三千三百年左右發明的輪子，讓他們得以把財物裝載在馬車上。

在接下來三千年中孕育無數征服者的草原遊牧文化，可能是在短短幾個世紀裡就形成了。不過，一旦這些遊牧民族的人口達到草原的承載極限（或許只有三到五百萬人），他們就會再回來征服文明的土地。

他們最喜愛的武器系統，是結合了文明世界最早在西元前二三〇〇年發明的戰車，以及射程更遠、射擊速度更快，最重要的是更小巧（因此非常適合在戰車上使用）的新型複合弓。[5] 之前，他們的突襲倚賴的是出其不意，以及暫時性的局部人數優勢，但現在他們已能和文明軍隊實際作戰並取得勝利，特別是因為早期城邦國家那些積極主動的志願方陣軍隊，已隨著他們所仰賴的平

布羅諾奇陶罐（Bronocile pot）上可能的戰車圖樣，波蘭，約西元前3500年。

等主義價值觀一同消失了。遊牧者的優勢不只在於他們的武器，也在於他們是放牧者，習慣控制成群的動物。

不只是殺戮和屠宰，也是牧群管理（flock management），讓遊牧民族得以在戰鬥中能如此冷血無情而熟練地對抗文明土地上的定居農民……。〔文明社會的〕戰鬥陣式可能很鬆散、紀律薄弱，而且戰場上的行為就像是人群或獸群。然而，驅趕獸群正是牧民的拿手本領。他們知道如何將一群獸群分成容易管理的小群，如何包抄側翼來切斷退路，如何把分散的獸群集中成緊密的一群，如何孤立獸群中的領袖，如何利用威脅和恫嚇來占有數量上的優勢，如何殺死選定的少數目標，同時讓大多數動物保持被動並受到控制。

——約翰．基根（John Keegan），《戰爭史：從遠古的石頭到今天的核武》[6]

首先，遊牧民族會射出大量的箭騷擾防守者，只有在敵人開始逃跑時，他們才會發動決定性的攻擊。

一部戰車的組員——一人駕車、一人射擊——在距離沒有穿護甲的步兵群一百碼

> 或兩百碼處繞行，每分鐘或許就能射殺六個人。十部戰車進行十分鐘的攻擊，就會造成五百人、甚至更多人的傷亡，對當時小規模的軍隊而言，這是如索姆河戰役（Battle of the Somme）[18]一般慘烈的傷亡。
>
> ——約翰・基根，同上[7]

早期的帝國軍隊幾乎完全應付不了他們。漢摩拉比（Hammurabi）所建的亞摩利人（Amorite）帝國從首都巴比倫統治大部分的美索不達米亞地區，在西元前十六世紀，從今日稱為庫德斯坦（Kurdistan）的高地區湧入的加喜特人（Kassite）和胡里安人（Hurrian）戰車手征服了他們。胡里安人說的是印歐語系的語言，約西元前一六〇〇年征服安納托利亞（今日土耳其）中部以西大部分地區的西臺人（Hittite）戰車手也是。再更往西一些，則有從巴爾幹地區南下席捲希臘的邁錫尼人（Mycenaean），他們也擁有相同的戰車，說的是另一種印歐語系語言。

相對較非軍事化的埃及王國，在西元前十八世紀首次遭到西克索人（Hyksos）征服，

18 譯註：索姆河戰役是一次世界大戰規模最大的一次會戰，發生在一九一六年七月一日到十一月十八日之間，英、法兩國為突破德軍防禦，在位於法國北方的索姆河區域發動攻擊。雙方傷亡共一百三十萬人，是一戰中最慘烈的陣地戰，也是人類歷史上第一次在實戰中使用坦克。

他們是來自阿拉伯西北部，說著閃米特語、駕著戰車的遊牧民族。遠在東方的雅利安人（Aryan）是源自伊朗高原的印歐民族，他們取代了早期的印度河谷文明，在印度北部大部分地區建立了他們的統治。西元前一七〇〇年左右在中國北部建立的商朝，其起源仍存有爭議，但戰車在世界上這個之前並無任何輪式交通工具的地區突然出現，暗示商朝的創建者或許是其他印歐語系的牧民。[8]

遊牧征服者是極少數的群體，依靠被奴役的行政官員，來統治敵對的多數人口。（他們自己既沒有文字、也沒有官僚制度。）在某些地區，他們維持統治的時間不到一個世紀：埃及人在西元前一五六七年驅逐了西克索人，巴比倫的胡里安人統治者，則是在西元前一三六五年被亞述國王亞述烏巴里特（Ashur-uballit）所推翻。商朝的創建者很快就被更高度發展的中華文化所同化，並以本土中國王朝的形象呈現於世人面前。

即使在入侵者的語言和文化最終占了上風的地區（例如在希臘、西臺人的安納托利亞，以及雅利安人統治的印度），經過幾代之後，他們也不再是真正的牧民了，儘管現代印度的種姓制度是他們當時藉以鞏固權力的奴隸和農奴制度的殘留餘音。不論入侵者是否繼續掌權，他們都留下了巨大的影響；在這第一個黑暗時代之後，幾乎所有人都軍事化了。

第4章

古典時期的戰爭：

西元前一五〇〇年至西元一四〇〇年

強大而殘忍的亞述軍隊

當黎明時期的文明正在建立一個由農田、城市和軍隊組成的美麗新世界時，戰爭中的重大創新也以每一、兩個世紀就出現一次的速度快速發展：大型防禦工事、方陣、複合弓、攻城機具、戰車、騎兵等等。然而，當這些「古典」戰爭的主要元素都到位之後，改變的步伐就大幅放緩下來。

戰爭是常態，且幾乎沒有改變。在西元前一二〇〇年至前一一五〇年間的青銅器時代末期，曾出現另一個較短暫的黑暗時代，其特徵是大多數中東文明的崩潰，但隨後轉變到鐵製武器的過程並沒有為軍事戰術帶來太大改變。事實上，許多歷史學家也會同意，一支在西元前五百年由傑出將領率領、訓練有素的軍隊，若與西元一四〇〇年一支規模相當的軍隊對戰，仍有一搏的實力。如果把更早期軍隊的銅製武器換成鐵製武器，這種比較或許還可以再往上推到西元前一五〇〇年。

在美索不達米亞北部的亞述人，就有這樣子的軍隊。它在結構上幾乎是現代的，有工兵、補給站、運輸隊和搭橋設備。它能夠在帝國全境維護良好的皇家公路上快速移動，在距離部隊基地三百英里外的地方發動戰役。它是第一支納入有效攻城機具、為士兵配備鐵製護甲和武器，並在戰車之外增設騎馬騎兵的軍隊。而且它幾乎無時無刻都在作戰。

亞述在幾個世紀裡興衰起伏，這是任何沒有天然地理、歷史或種族邊界的帝國都可能面臨的命運。在薩爾瑪納瑟一世（Shalmaneser I）和他的兒子圖庫第尼努塔一世（Tukulti-Ninurta I）（西元前一二七四年至一二〇八年）在位期間，帝國向四方擴張，最南到達了波斯灣，但在他們死後，帝國旋即崩潰，退回到核心區域。在其歷史最後的三百年間，它成了一個單純的軍事組織，始終處於戰爭狀態，以恐怖手段威嚇整個中東地區，以確保戰利品和貢品源源不絕流入它的國庫。

亞述人在駭人聽聞的屠殺中，會驅逐整個族群的人口，並把他們安置到遠離家鄉的地方，做為叛變的懲罰：以色列人並不是唯一遭逢這種厄運的民族。亞述人的軍隊增加到十二萬人的驚人總數（以當時而言），能夠同時發起多場戰爭，而且其國王和將領都以極度殘忍而聞名。我們主要是從亞述人自己的碑文中得知他們對虐待施暴的癖好；他們為此而自誇。

> 埃蘭國王的統帥與他的貴族們……我像宰羊一樣割斷他們的喉嚨……。我那昂首奔騰、訓練有素的駿馬，躍入他們湧出的血泊中有如躍入河流；我的戰車車輪濺滿血液和穢物……。〔在驚恐之中〕他們在戰車上嚇出滾燙的尿液和糞便。
>
> ——亞述王西那基立（Sennacherib），西元前六九一年[1]

到最後，亞述帝國被戰爭所吞噬。當新的遊牧入侵者米底人（Medes）在西元前七世紀騎著馬來到中東——這次是貨真價實的騎兵，而非戰車手，因為選擇性育種終於培育出夠強壯的馬匹，足以承載騎士坐在前方的「控制」位置——亞述人在文明世界的敵人與遊牧民族聯手，推翻了這個令人憎恨的帝國：在西元前六一二年，亞述的首都尼尼微（Nineveh）被徹底摧毀，以致後世至今不知其所在位置。[2]

攻城戰事：所謂的「木馬」屠城

多年來稱雄的古都滅亡了。街道上到處可見一動也不動的屍體……。希臘人衝向（宮殿），把盾牌緊鎖在背上，蜂擁聚集在入口。希臘人已把梯子牢牢架在牆上，此刻甚至有人已沿著梯子爬到門楣梁旁。他們左手持盾前舉以保護自己，右手攀住屋頂。面臨死亡、知道自己身處絕境的特洛伊人仍奮力抵抗，試圖拆掉屋頂的瓦片做為投擲武器來自衛……。宮殿內傳來哭泣聲與一片混亂悲慘的喧鬧，整座建築都迴盪著婦女們痛苦的哭喊聲。

——古羅馬詩人維吉爾（Publius Vergilius Maro〔Virgil〕），約西元前十九年[3]

這是特洛伊城，其傳統上被攻陷的日期是西元前一一八三年，這是歷史會快速轉變成傳說的時代。木馬屠城記的故事，甚至可能是對最終攻陷城牆的攻城機具的曲解描述，因為圍攻特洛伊的亞該亞希臘人（Achaean Greeks）可以輕易從東方某個較文明的國家雇用工兵：此時西臺帝國的滅亡應該已在小亞細亞留下許多失業的專業士兵。如果西臺人傭兵為攻擊者建造了一座攻城塔——一座幾層樓高的木造建築，裝上輪子，屋頂覆蓋獸皮，內部懸掛一根有金屬尖端的攻城槌——希臘人或許會把它稱之為木馬，留給後代子孫去渲染這個故事。（在大約同時期的亞述浮雕中的一座攻城塔，確實看起來有點像一匹巨大的馬。）

特洛伊實際上是毀於長期的圍城，不過

亞述浮雕上的攻城塔，尼姆魯德（Nimrud）西北宮，約西元前865至860年

要等到四百年後，荷馬才寫出他的史詩。維吉爾對攻陷特洛伊的生動描述則還要再過八百年，曾親身經歷該事件的人，也絕對不會採用他這種個人化的風格。他所描述的細節純屬虛構，但他知道必然會發生的事，因為在他生活的世界裡，就記憶所及，每隔幾年就有某個不幸的城市會遭遇這樣的結局。

迦太基（Carthage）就是一個例子，在第三次布匿戰爭（Third Punic War）結束時，經過三年的圍城之後，羅馬軍隊於西元前一四六年攻陷了這座城市。有目擊者記述了絕望、半飢餓的迦太基人如何在城內堅持了六天的巷戰。

> 從市集廣場通往城堡的三條街道兩側都是六層樓的房子，羅馬人就在此遭到屋內的人攻擊。他們攻占最前方的幾間房子，從屋頂上用木板和橫梁架橋，跨越到下一棟房子。屋頂上進行著一場戰鬥的同時，下方的街道上也有另一場迎戰來敵的戰鬥在進行。到處都是呻吟、哭號、叫喊，以及各種痛苦的聲音。有人當場被殺，有人活生生地從屋頂摔落地面，其中一些人被豎立的長矛刺中……。
>
> ——古羅馬歷史學家阿庇安（Appian）（根據波里比烏斯〔Polybius〕的目擊者描述）[4]

這座城市（人口約三十萬人）遭到劫掠後，相對少數存活的迦太基人被賣作奴隸，勝利的羅馬將領在這個被蹂躪的地點正式下了詛咒並灑上鹽。此地之後便一直無人居住，直到一百多年後，羅馬人才在這片廢墟上建立一座殖民城市。這一切留下的印象是狂亂的暴力和瘋狂的復仇，而這正是勝利的羅馬人想留下的印象。

致勝公式：重裝步兵＋方陣

> 在戰鬥隊形中，每名士兵需要左右三英尺的空間，列與列的距離是六英尺。於是，一萬名士兵可以排在約一千五百碼長、十二碼寬的長方形中。
>
> ——古羅馬軍事作家維格提烏斯（Vegetius）談羅馬人的戰術[5]

戰役決定了我們祖先的生命軌跡，而他們並不比我們傻。如果幾千年下來，他們都想不出比肩並肩的密集陣式更好的戰鬥方式，那一定有很好的理由。在過去無數的戰場上，已經有夠多走投無路的絕望之人，因此應該幾乎所有方法都有人試過了。而直到火器問世後很長一段時間，都沒有任何方式比亞歷山大大帝時代前就已大致成為標準的軍事組織和戰術更有效。

維格提烏斯所描述的是羅馬版本的方陣，因為在西元前五百年左右，這個陣式再度盛行起來。它曾經隨著「東方帝國」的崛起而式微，但隨著財富和權力中心從肥沃月灣往西移動到希臘和羅馬的城邦，大量具有公民愛國精神和高昂鬥志的人開始出現——而要對抗另一支願意挺身作戰的文明城邦部隊，方陣依舊是戰鬥中部署步兵最有效的方式。

現代軍隊談論的是贏取或失去陣地，但對早期的方陣而言，陣地只是陣式移動的舞台。真正重要的是陣式本身，如果陣線出現缺口，或者因為地形（或恐慌）導致陣式裡的士兵擠在一起，無法揮動、投擲或刺擊武器，陣式的力量就會消失。大部分無止境的演練，都是在訓練士兵們維持那關鍵的三英尺間隔——但只要訓練得當，這些士兵就會成為可怕的戰鬥機器。

西元前五世紀的希臘方陣，是由成千上萬密集排列的重裝步兵（hoplite）所組成，前方幾乎完全受到大型盾牌和青銅護脛甲所保護，十六英尺的長矛向前伸出盾牆外。要在戰場上面對敵軍排列出如此巨大的陣式，需要耗費大量時間和精力，而除非敵方方陣的指揮官配合，否則戰鬥根本無法開始。然而，雙方通常會希望速戰速決，因為這些重裝步兵是擁有財產的公民，他們自費購買武器和護甲，而且大多數是農民，如果在軍事調動上花費太多時間，他們的作物會因無人收成而在田裡腐爛。他們希望立即做出決定，而且通常也會如願以償。

在戰前需要做出一些戰術的選擇：我們是否該盡量加強方陣的縱深以避免被攻破？還

是讓縱深淺一點、但把方陣拉長，以便延伸超過敵軍方陣的兩端，並進行側翼包抄？不過，一旦兩個方陣正式交鋒，指揮官能做的事就不多了。

前排的士兵互相打鬥一陣子，倒下的士兵會由後面的人取代，直到其中一方自認占了上風。此時，所有的士兵會團結全力，以巨大的推力衝破敵軍的陣線，若成功，他們就贏了。敵軍的陣式將崩潰，士兵會開始逃命，屠殺也將開始。一般而言，在希臘人彼此之間的戰爭中，一段短暫時間之後就會停止追殺，失敗一方的死亡人數大概會占全軍的百分之十五。然而，在與非希臘人的戰爭中，就不會有絲毫憐憫，也不會停止追殺。

約西元前5世紀的陶甕上所描繪的戰鬥中的重裝步兵

雅典部隊為了延伸陣線以覆蓋整個波斯軍前線而削弱中央的兵力：兩翼兵力強大，但是中央陣線僅有幾排士兵的縱深……。行動的命令一下達，雅典人便從距離至少一英里處開始跑步朝敵人前進……就我所知，他們是第一批以跑步方式衝鋒的希臘人……。在中央……外族人突破了希臘人的陣線……但一側的雅典人和另一側的普拉提亞人（Plataeans）都取得了勝利……。接著……他們把注意力轉向突破中央防線的波斯人。在這裡他們再次取得勝利，追趕潰敗的敵人，並砍殺他們直到海邊。

——古希臘歷史學家希羅多德（Herodotus）對馬拉松戰役（Battle of Marathon）的描述[6]

這些笨拙而血腥的推擠混戰，有如巨大、嚴格控制的誇張版美式足球賽，在或許是一百英畝的土地上進行幾個小時，就能決定整個民族的未來。戰場上也有騎兵，但他們幾乎從不會襲擊訓練有素、準備迎戰他們的步兵。大批騎兵雷霆萬鈞地衝向步兵的陣式看似難以抵擋，但馬匹不會直接衝入毫不動搖的成排矛尖。牠們會在最後一刻停下來或是轉彎，只要步兵不陷入恐慌，相對就能免受衝擊威脅。騎兵的主要目的是偵查、小規模作戰，最重要的是在敵軍潰敗、轉身逃跑時追趕並殺掉他們。

在古典時期（約西元前五五〇年至前三五〇年），重裝步兵幾乎主宰了所有的戰場，而且他們的人數多寡往往不如紀律和士氣重要。當亞歷山大大帝在西元前三三三年在伊蘇斯

（Issus）對戰大流士（Darius）的波斯軍隊時，只有四萬士兵要對抗十萬大軍，但他久經沙場的重裝步兵直接穿越戰場朝著波斯軍的中心衝鋒。這是純粹的物理學：四萬名全副武裝且身披重甲的士兵，以緊密的陣式（緩慢地）奔跑撞擊波斯軍陣線的力量，相當於兩千五百噸重物以六到七英里的時速移動、在短短幾秒內形成的衝擊力——而且在它的最前端是一整排密集的矛尖。亞歷山大的方陣的前兩排士兵，大概很少人能在這種衝擊下存活（老兵一定會自己站到稍微後面一點的位置），但光是這股力量的動能，就能在短短一、兩分鐘內衝過大流士軍隊的中心。隨著波斯軍隊的凝聚力瓦解，其四散奔逃且不知所措的士兵就成了亞歷山大部隊唾手可得的獵物；在兩小時內，波斯大軍大約就有半數遭到殲滅。

在接下來的幾個世紀中，這個軍事勝利的基本公式又加入了各種改良，特別是在羅馬人的手中。在兩百年幾乎持續不斷的戰爭中，他們首先征服了其他所有義大利城邦，接著征服了當時的另一個強權迦太基，於是發展出一套更加靈活的方陣。羅馬的軍團拆分成迷你方陣（「中隊」〔maniples〕，或一小群的人），由大約一百五十人排成三列，以棋盤的交錯方式排成相互重疊的三條陣線，使他們在崎嶇地形上具有更大的機動性。在札馬戰役（battle of Zama）（西元前二〇二年）中，迦太基人試圖以大規模的戰象衝鋒來擊潰羅馬軍團，但羅馬統帥大西庇阿（Scipio Africanus）只需把他中間陣線的中隊往兩側移動，在他陣式的全部三條陣線中創造出筆直的走廊，驅趕迦太基軍事家漢尼拔（Hannibal Barca）的戰象群通過，牠們就無法造成太大傷害。

武器也做了一些修正，部分是為了心理效果。羅馬軍團把笨重的十六英尺長矛換成兩支投擲矛，其中一支比另一支較輕、射程也較遠，士兵們在前進時會依序投擲這兩支長矛，另外還配備一把短劍，用於與敵軍實際接觸時的近身肉搏。一把短劍：因為以極為個人的方式衝上去近身殺敵，才是真正令敵人恐懼的事。

到了羅馬的全盛時期，戰鬥不再是推擠比賽，各種戰術策略蓬勃發展，但戰場上的基本邏輯仍未改變。只靠自身肌力揮動利刃武器的士兵，可採取的有效作戰方式極其有限，而步兵在西元三世紀的戰場上，依然如西元前二十三世紀時那樣穩穩占據主導地位。

西元前202年，羅馬的步兵在札馬戰役面對迦太基的戰爭機器

海戰的出現

戰船以青銅船首直接撞擊敵船。一艘希臘船率先展開攻擊，它撞斷了腓尼基敵船的整個船首，其他船隻也鎖定不同對手發動猛攻。起初，波斯艦隊如潮水般的攻勢仍能保持優勢。但是當船隻開始在同一個地方擠成一團、互相碰撞，它們就無法再互相支援。戰船的青銅製撞角開始撞擊友軍的船，也把整排的船槳撞得粉碎。希臘的戰船在周密的計畫下，開始圍成一圈向我們逼近，於是戰船的船身陸續崩解。你再也看不到海水，海面上已布滿船隻的殘骸和死去的人，海灘與岩石上也堆滿了屍體。

——艾斯奇勒斯（Aeschylus）於《波斯人》（*The Persians*）中（以波斯人的角度）描述薩拉米斯戰役（battle of Salamis），西元前四七二年[7]

在文明世界開始生產穀物、葡萄酒、礦產和木材這類值得進行大宗貿易的商品之前，沒有人需要海軍。這類的貿易大都是透過海路（至今仍是如此），而攻擊這些富有國家的商船，成了戰爭中顯而易見且利潤豐厚的策略。在地中海地區，海路往往是任何兩點之間最快的路線，因此透過海路移動整支軍隊也成為很有吸引力的軍事選項。大型戰船艦隊很快就主宰了地中海地區的海上衝突。他們的首要目的是消滅對方的海軍，之後就可以毫無忌憚地掠奪毫無防備的商船。

正如許多古典世界的人工製品，戰艦也迅速發展成一套標準設計，其技術在隨後的數千年間幾乎沒有改變。商船可結合運用帆和槳，但戰艦必須不受風向限制朝任何方向快速移動，因此主要得依靠肌肉的力量：多達數百名槳手齊力划行，讓海軍船艦在海面上高速行進。

船隻是一種機器，製造數量龐大的大型機器，需要類似於工業社會的組織和生產技術。當希臘人在西元前五世紀初面臨波斯人的大舉入侵，雅典的造船廠採取了大量生產的方法，在兩年多的時間裡，每個月生產六到八艘的三列槳戰船（trireme，有三排槳的戰船）。造船的費用是由城邦累積的白銀儲備金來支付。到西元前四八〇年為止，總共建造了兩百五十艘戰艦，需要超過四萬名船員。雅典全部的軍隊人

藝術家所描繪的西元前4世紀的三列槳戰船

力都投入了艦隊，防衛半島的地面部隊人力則由希臘的其他城邦來提供。而正是這個雅典人占了絕大多數的希臘艦隊，在薩拉米斯摧毀了波斯的艦隊，迫使波斯皇帝薛西斯（Xerxes）撤離希臘。

古典時期的海戰是一種單純的對決。兩支可能包含數百艘戰船的艦隊，會在某段海岸線排成一長列彼此正面對峙，然後發起衝鋒。戰船會試圖用青銅撞角正面撞穿敵艦，或至少撞斷敵艦一側的槳（並在過程中壓死大部分的槳手），然後掉頭從後方衝撞已癱瘓的敵艦。然而，通常它們最後會並排在一起，雙方士兵在其中一艘船的甲板上打鬥，如同西元前四一三年在敘拉古港（Syracuse harbor）的戰役，有將近兩百艘船在非常狹窄的空間裡相互交戰。

> 許多船隻在很小的區域裡擠在一起。因此很少有用撞角攻擊船身中段的情況……。一旦船隻接觸，士兵便展開肉搏戰，試圖登上敵艦。由於空間狹小，結果往往是……三艘或更多的船隻卡在一起，使得舵手們必須同時思考一側的防禦與另一側的攻擊……所有船隻碰撞在一起的巨大轟鳴聲不只本身就令人膽寒，也讓人無法聽到水手長的發號施令。
>
> ——修昔底德（Thucydides），《伯羅奔尼撒戰爭史》（*History of the Peloponnesian Wars*）[8]

古典時期最偉大的海戰是發生在羅馬和迦太基之間，羅馬在西元前二六四年的布匿戰爭開始時，基本上是陸上強權，而迦太基則是海上強權，在西班牙、薩丁尼亞、西西里和義大利南部都有盟友或財產。迦太基的海軍港口（靠近現代的突尼斯）是一個直徑超過一千碼的人造圓形空間，中間有一座小島，以及可以同時維修兩百艘戰艦的船棚——而它一個月可以建造多達六十艘戰艦。

在西元前二六四年到一四六年間席捲西地中海地區的幾世代戰爭中，羅馬人也學會了打造海軍和進行海戰。在隨後的海戰中，特別是在寬闊海域讓脆弱的艦隊船隻猝不及防的暴風雨，往往造成慘重的傷亡。

西元前二五六年，在北非沿岸的埃克諾穆斯（Ecnomus）海戰中，羅馬艦隊的三百三十艘戰艦擊潰了同樣規模的迦太基艦隊，擊沉三十艘，俘虜六十四艘，造成迦太基三到四萬人的傷亡。在回航義大利的途中，羅馬艦隊在西西里的西岸遇到了暴風雨，有兩百七十艘戰艦沉沒或擱淺，大約十萬人溺斃。此後海戰中再也沒有出現過如此重大的傷亡。

在埃克諾穆斯海戰後的一千八百年，也就是西元一五七一年，西歐聯軍的海軍和土耳其海軍在勒班陀（Lepanto）對戰。雙方各有超過兩百艘的戰艦，建造這些戰艦所根據的設計，若放在古代迦太基的造船廠也不會令人驚訝。戰術也同樣相似：能撞擊就撞擊，不能撞擊就登船。那一個下午就有三萬人溺斃。

還不算是全面戰爭

> 迦太基必須被毀滅。
>
> ——羅馬共和國政治家老加圖（Cato the Elder）

一個能派十萬人出海的社會，即使在今日的大國角力中也是可怕的競爭者，而羅馬和迦太基不只建造了龐大的戰船艦隊，有時他們還同時在三到四條戰線維持作戰部隊，遍布整個西地中海地區。在西元前二一三年第二次布匿戰爭最激烈的時期，有百分之二十九的羅馬男性公民在軍隊服役，[9]這一比例即使在上個世紀的大戰中也很少被超越——而且，雖然羅馬最後獲得勝利，在戰爭最後二十年間，其男性總人口中仍有百分之十戰死沙場。[10]至於迦太基這一方，他們的傷亡幾乎是全面性的：連他們的語言都未能留存下來。即使如此，這兩個強權其實還稱不上是在進行現代意義上的「全面戰爭」（total war）。

羅馬是一個複雜且高度文明的社會，但它對於技術創新的興趣非常低[19]，也缺乏真正全面戰爭所需要的財富。羅馬和迦太基這兩個城邦國家，各自擁有的正式公民人口都不到一百萬，雖然動員了自身相當高比例的人口參戰，但在他們控制的龐大帝國中，其他地區的人口只有極少部分被徵召。前現代時期的基本軍事方程式依然成立：以自給自足農業（subsistence agriculture）為經濟基礎的社會，無法承擔抽調超過百分之三的糧食生產人口去作戰的代價。

幾個世紀之後，當羅馬統治整個地中海地區，守衛疆界的軍團最

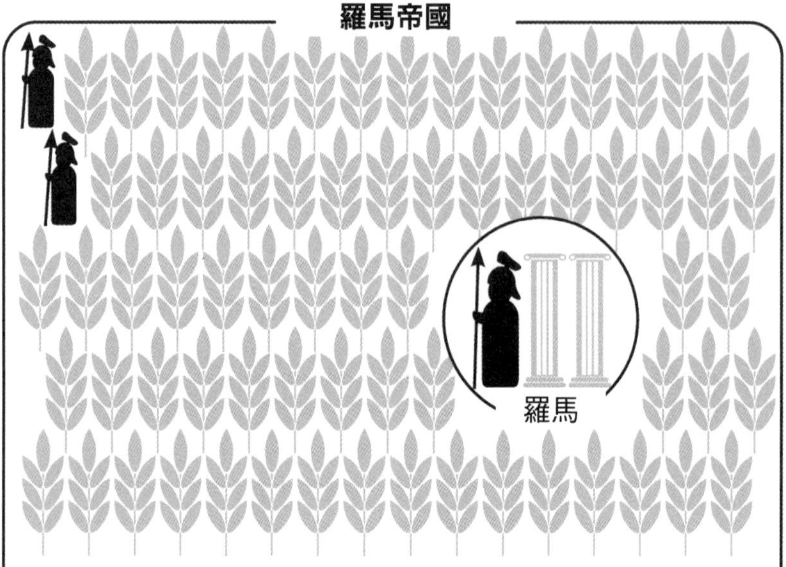

羅馬帝國人口眾多，但只能徵召約3%的農民從軍，否則會導致饑荒。
儘管高度動員城市居民，仍不可能進行全面戰爭。

遠來到蘇格蘭和蘇丹時，其軍隊的規模就是衡量前現代農業社會——儘管有高度發展的商業——能夠長期維持的最大軍事力量的合理標準。即使是在西元三世紀後期，當帝國人口已增加到一億，且蠻族在邊界施壓的情勢日益嚴峻，羅馬軍隊的人數也始終不曾超過七十五萬人。[11]

這是一支很好的軍隊，而且在許多方面都相當現代。軍人的薪資合理，受到良好的訓練，如果能夠活到退休，甚至可以領到一筆不錯的退休金。在百夫長（centurions）[20]的編制中，羅馬擁有了第一個專業的軍官團。在對抗其他文明國家的軍隊時，長期而言羅馬幾乎保證可以獲勝——而且它不曾真正需要對抗遊牧民族的騎兵，因為歐洲和中東地區的文明世界，已經有近一千年未曾遭遇任何重大的蠻族入侵。但之後中亞草原上一些氣候或人口的改變，促使遊牧民族再次遷移，幾個世代之後，其漣漪效應也開始衝擊羅馬帝國的邊界。到最後，帝國崩落，歐洲的大部分文明也隨之傾頹。在將近一千年後，歐洲文明才重新恢復到從前的水平。

19 在勒班陀戰役和人類第一次登月之間（三百九十八年），西方文明從戰船進步到太空船。但在埃克諾穆斯戰役和赫勒斯滂（Hellespont）戰役——羅馬海軍最後一次參與的重大戰役——之間的五百八十年間，羅馬戰艦的設計幾乎沒有任何改變。

20 編按：是羅馬軍團中的職業軍官，平時負責訓練，戰時負責指揮。大部分百夫長都各自領導一個百人隊，但是也有較高等級的百夫長會領導一個步兵隊，或在軍團中擔任高級參謀的角色。

古典文明的消亡

古典世界花了很長的時間才消亡。在第四和第五世紀，日耳曼人的入侵席捲了西歐，但整個東羅馬帝國幾乎完整無缺地繼續存活了兩百年。由新興的伊斯蘭信仰所統一的阿拉伯人，在第七和第八世紀征服了北非和肥沃月灣，但一個說希臘語且基督教化的羅馬文明（拜占庭）在巴爾幹半島和小亞細亞存續，直到一〇七一年，來襲的土耳其遊牧民族在曼齊刻爾特（Manzikert）摧毀拜占庭的主力軍隊。不過阿拉伯人和土耳其人都是相對較小的征服者群體，統治著數量更大、文明更先進的人口，在他們的統治之下形成的是一個伊斯蘭化的古典文明，保存、甚至是提升了該文化中的城市、知識和商業特徵。

然而在西歐，入侵者是整個社會的遷移，他們與所征服的文明民族幾乎沒有共同的預設和價值觀。他們帶來一群精銳的騎兵戰士，但其中絕大多數是在羅馬帝國邊境之外自給自足的農民，部分是被掠奪財富的機會所吸引，部分則是為了逃避來自草原的匈奴（Huns）等的騎馬遊牧民族。當他們到達今日的法國、西班牙或義大利，多半就是定居下來，再度回到務農生活。他們的人口從不曾多於帝國西部倖存的羅馬公民，而他們很快就皈依基督教，也有助於確保多數地區最後的共通語言是被征服者使用的拉丁文，而非他們自己的日耳曼語言。但這些新來者的人數，已足以確保人們普遍遵循的是他們的治理方式，而非中東或地中海世界三千年的帝國統治中演變出來的舊方式。在西方，古典文明實際上已經衰亡。

騎兵回來了

當西歐的社會結構在歷經幾個世紀的近乎完全崩潰後重新恢復穩定時，其基礎是政治和軍事權力的極度分散。在封建時代，真正的權力基礎並不是國家（它幾乎不存在），而是那些被授予、或由當地武士直接奪取的數十或是數百平方英里的土

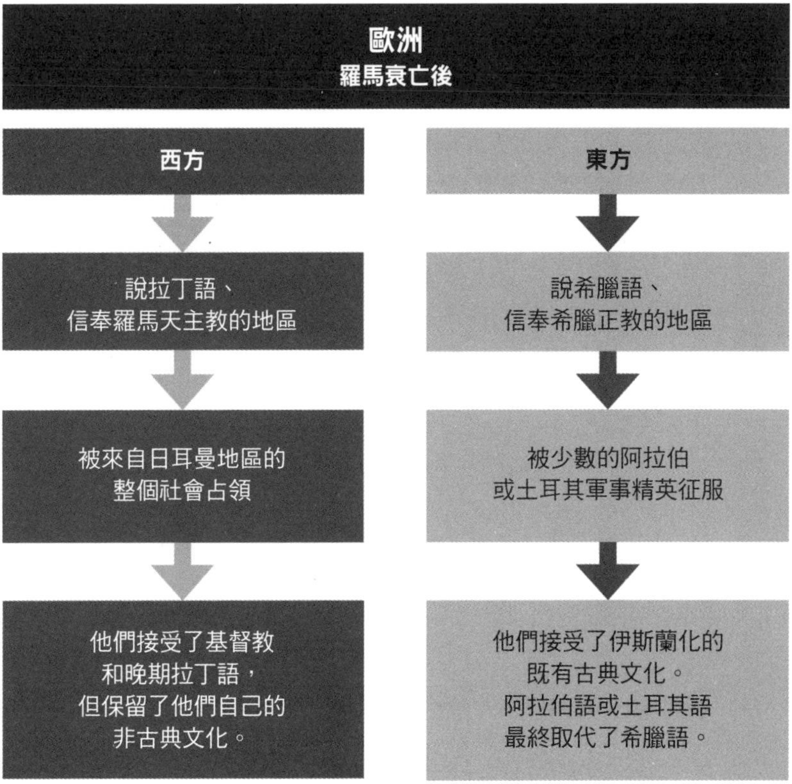
歐洲
羅馬衰亡後
西方
說拉丁語、信奉羅馬天主教的地區
被來自日耳曼地區的整個社會占領
他們接受了基督教和晚期拉丁語，但保留了他們自己的非古典文化。
東方
說希臘語、信奉希臘正教的地區
被少數的阿拉伯或土耳其軍事精英征服
他們接受了伊斯蘭化的既有古典文化。阿拉伯語或土耳其語最終取代了希臘語。

地。對王國中所謂的中央政府來說，唯一能運用的軍事工具，就是召集這些擁有土地的武士——前提是他們決定現身，而且願意留下來。而在東方與西方，騎兵都逐漸成為戰場上的主導力量。

在穆斯林世界的東方，直到十五世紀前，戰爭仍完全維持遊牧民族的傳統：快速、輕裝備和輕盔甲的騎兵群，使用複合弓從安全距離進行騷擾攻擊，劍和輕型長矛則用於較罕見的與對手正面交鋒的情況。然而在西方，騎兵戰逐漸演變成一種獨特的形式，由身披重甲的騎士，騎著為負重能力而培育的笨重馬匹，依靠他們衝鋒時的純粹物理衝擊力來取勝。

到了十二世紀十字軍東征時期，基督教世界騎兵的作戰方式已經有如一個「騎

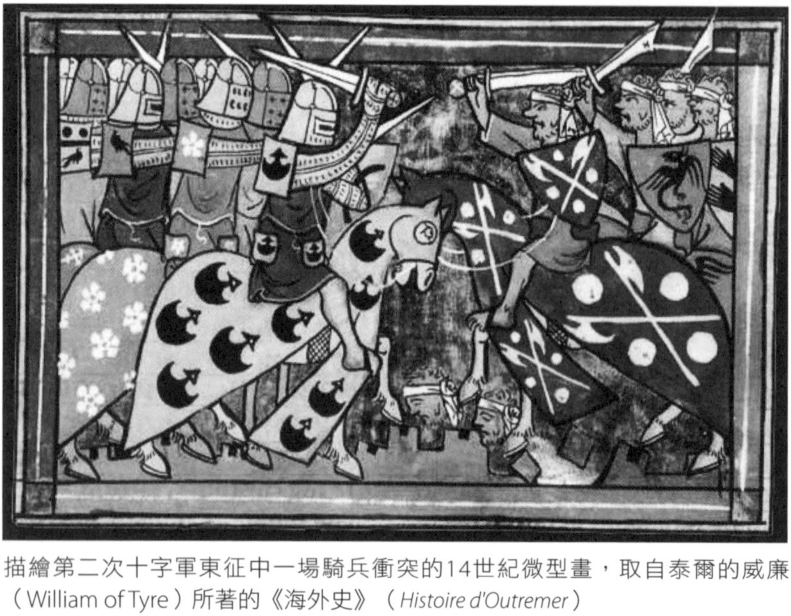

描繪第二次十字軍東征中一場騎兵衝突的14世紀微型畫，取自泰爾的威廉（William of Tyre）所著的《海外史》（*Histoire d'Outremer*）

馬方陣」——一個八英尺高、以每小時二十五英里的速度移動的重裝甲方陣。如果它撞上你，那就完蛋了，但若你在文化上並不拘泥於那種作戰模式，其實很容易就可以閃避十字軍的衝鋒（正因為如此，基督教軍隊最後不得不返回歐洲）。到了中世紀後期，當西歐的人口、繁榮程度和組織能力再次接近羅馬時代的水平時，步兵也再次成為戰場上的主宰力量，即便武器技術並未出現顯著的改變。

第5章

絕對的君主和有限的戰爭：

西元一四〇〇年至一七九〇年

步兵方陣重返戰場

在英法百年戰爭（the Hundred Years' War）後期（十五世紀初），步兵武器開始在戰場上復出，當時英國長弓手在地上埋設尖頭朝外的木樁，阻擋朝他們衝鋒的馬匹，並一再重創法國重裝甲騎兵的陣式。

長弓（和新型的弩）的箭可從相當遠的距離射穿鏈甲，因此馬背上的騎士們被迫使用經過精心設計、有稜脊和斜面的板甲以偏轉箭矢，但他們無法用類似的護甲來保護他們的馬。但這種護甲實在太重了。在百年戰爭的最後幾場戰役——例如一四一五年的阿金科特（Agincourt）戰役——中，下了馬的法國騎士是身穿約六十磅重（約二十七公斤）的板甲徒步衝鋒；或者更準確地說，他們是死在嘗試衝鋒的途中。

人們汲取了教訓：我們需要的是真正的步兵，而非滿身金屬裝備、下馬作戰的騎兵。到十六世紀，戰鬥再度以重裝步兵的碰撞為中心，亞歷山大大帝對這種戰鬥風格應該很熟悉。當一五四四年義大利戰爭（Italian wars）接近尾聲，兩軍在杜林（Turin）附近的切瑞索爾（Ceresole）交戰時[21]，亞歷山大完全可以指揮任何一方——只要他有學會正確的語言，並上過一門關於火器的短期課程。

現在多了槍

步兵的方陣基本上是一樣的，他們手持的長槍（pike）不過是加長版的矛，但法國陣營在第一排長槍兵的後面部署了一排火繩槍手（arquebusiers）（配備重型火繩槍的步兵，這些槍可發射半盎司重的子彈）。如布萊斯·德·蒙呂克（Blaise de Montluc）隊長所說：

> 如此一來，我們應可殺掉他們第一排的所有隊長。但我們發現敵人和我們一樣聰明，因為他們也在第一排長槍後面部署了槍手。雙方直到接觸前都沒有開火——接著便是大

21 譯註：切瑞索爾戰役是義大利戰爭末期的一場重大戰役，最終法國軍隊打敗了神聖羅馬帝國和西班牙的聯軍。

16世紀義大利戰爭期間，手持火槍行軍的步兵

規模的殺戮。槍槍都致命：雙方第一排的人都倒下了。第二排和第三排的人越過前排同袍的屍體彼此交鋒，後排的士兵不斷推著他們向前進。隨著我們更用力往前推，敵人便紛紛倒下。[1]

儘管有了火器，這基本上仍是同樣老式的推擠戰：即十六世紀的士兵所稱的「長槍推進」(push of pike)。法國和其瑞士傭兵盟軍擁有順著山坡往下推進的優勢，而當法國騎兵從側面襲擊他們的日耳曼步兵對手，即所謂的「國土僕傭」(Landsknechte)[22]，敵軍的陣式隨即崩潰，被驅趕成緊靠在一起的一大群人，完全沒有空間可以使用長槍。七千名「國土僕傭」中有近五千人遭到屠殺。在左翼的義大利步兵已經撤離戰場以求自保，但是當帝國右翼的西班牙老兵試圖穿越他們後方的一片小樹林撤退時，卻很快就被法國騎兵攔截，而法國步兵也緊跟在後。

當他們發現我們僅在四百步之遙，而我們的騎兵已準備衝鋒時，隨即丟下長槍向騎兵們投降。你可以看到十五或二十個人圍著一名武裝騎兵，擠在他旁邊懇求饒命，因為害怕我們這些想割斷他們喉嚨的步兵。許多人——或許有一半——都被殺了，其他人則成了俘虜。

歷史兜了一圈又回到原點：在切瑞索爾發生的事，除了一些次要細節外，與四千年前發生在烏瑪城下、或在兩者之間發生在伊蘇斯的戰役，幾乎沒有區別。

——蒙呂克[2]

傭兵的時代

那些幸福的年代啊，對這惡魔般的火炮器械的狂暴一無所知！我確信它的發明者正在地獄裡受罰……就因為這該死的發明，一個卑劣的懦夫隨時可以奪取最英勇騎士的性命。[23]

——塞萬提斯（Miguel de Cervantes），《唐吉訶德》（*Don Quixote*）

在十六世紀，世界上威力最強大的武器——大型攻城砲，或許可以在幾百碼外殺死六

22　譯註：國土僕傭（Landsknechte）一詞是德文「土地」（Land）和「僕人」（Knechte）兩字的結合，指中世紀到現代初期使用長槍和火藥槍的德國（日耳曼）傭兵，從十五世紀末到十七世紀初構成了神聖羅馬帝國皇軍的主力。

23　編按：此段譯文為董燕生的翻譯。

個人（如果他們彼此站得夠靠近的話）。今天，不到五百年之後，與之相對應的現代武器——洲際導彈，可以在七千或八千英里外殺死數百萬人。不過我們從當時到現在的這段過程，只有最後階段才是由科技主導。

直到一百五十年前，西方使用的武器並無特殊之處。事實上，伊斯蘭世界中所謂的「火藥帝國」，包括鄂圖曼、波斯的薩法維（Safavid）和莫臥兒（Moghul），反而更快開始使用火器，更早把原形槍（arquebuse）和大砲納入作戰戰術的核心：全世界第一支配備火器的常備步兵部隊，是一四四〇年代穆罕默德二世（Mehmed II）的鄂圖曼軍隊裡的耶尼切里軍團（Janissaries）。[3]

發生在十五和十六世紀歐洲的大事，是野心勃勃的君主為尋求絕對權力而建立了現代中央集權國家。為求成功，他們必須摧毀舊有封建貴族的軍事力量，這些貴族主要是為王國提供騎兵。解決的辦法就是重新改造古代的古典軍隊，因為他們在戰鬥中更有效率。更重要的是，貴族過去可以靠著威脅在戰時不參戰或不提供馬匹來勒索國王，如今則失去了關鍵的籌碼。轉用步兵非常符合君主的政治利益。

另一方面，君主沒有興趣武裝普通臣民並給予他們軍事訓練。這些人可能會用他們的新技能和人數上的優勢，來挑戰君主的絕對權力。因此國王和女王們寧可選擇雇用出賣忠誠給任何願意付錢的政府的傭兵。在歐洲如瑞士這類比較窮困的地區，出口受過訓練的傭兵軍團成了國家產業[4]——而且由於傭兵所費不貲，軍隊的規模就會比較小。在十六世紀，平均每場戰役雙方的參戰人數大約只有一萬人。

歐洲各地的軍隊都遵循西班牙人採用的模式，直到十七世紀初，他們都是當時最成功的軍事強權。他們有由長槍手組成的堅固「西班牙大方陣」（tercios），縱深可達十六、二十，甚至三十列的士兵。在陣式的各個角落有火槍手，戰線最前方則部署笨重、幾乎無法移動的野戰火砲，但火藥武器明顯扮演次要角色。

然而，這些火器即使笨重，也比中國的火器更有效，混合硝石、硫磺和木炭的爆炸效果，最早是在中國發現的。早在一二三二年，中國軍隊在抵抗蒙古人進攻洛陽城時，就曾使用「震天雷」，這是一種裝滿炸藥，用投石機發射的鐵製容器。在二十五年內，他們就已開始

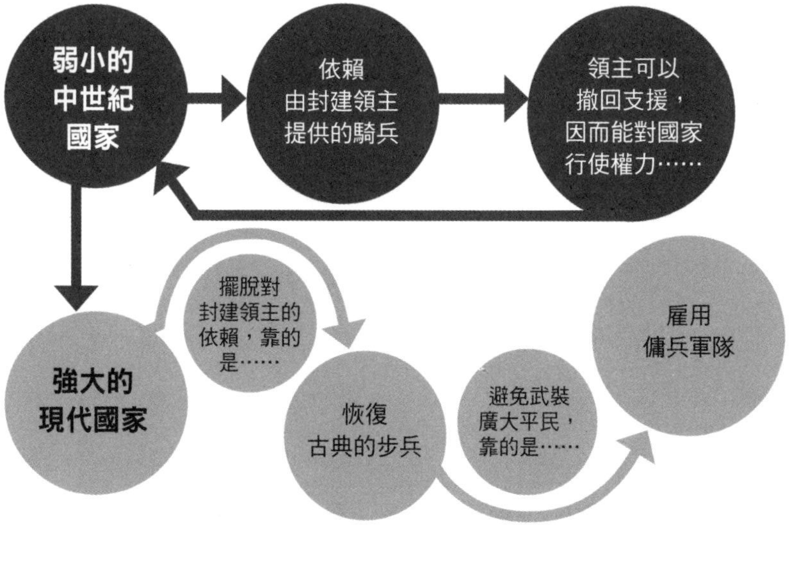

使用「飛火槍」（fire-lance），這是一種由填滿火藥的竹管組成的原始槍械，可以將一簇彈丸射至兩百五十碼外。可能是蒙古軍隊仿製了中國的武器，將它帶到了歐洲，而歐洲則在一三二〇年代鑄造了第一批真正的金屬槍支。[5]

為什麼中國沒有再進一步發展火器，是一個重大的歷史謎團，因為這個國家從印刷術到航海船隻等的其他技術，直到一五〇〇年為止都仍領先歐洲或與之並駕齊驅。可能只是因為中國的主要對手蒙古人和其他遊牧民族本身並沒有進一步推動這項技術（遊牧族通常不會這麼做）。無論如何，中國從未獨立發展超越「飛火槍」的武器，但在歐洲和穆斯林的帝國，在兩百年內，火器已經發展成能將重達一千一百二十五磅的鐵球擲向

《降魔變》：已知最早的中國火槍圖像。

城牆的巨型大砲，以及能在一百碼的有效射程內發射半盎司重的子彈的可攜式原形槍（早期的火槍）。

這些新型火器在圍城戰的角色比在野戰中重要，在海上的角色也比陸地上重要。土耳其軍隊在一四五三年攻破了過去一千年來全世界最偉大城市君士坦丁堡的城牆，靠的正是大量的火砲：他們不斷地轟擊，在城牆底部轟出越來越深的溝壑，最後城牆因承受不住自身重量而倒塌。在海上，西歐船體寬闊的遠洋帆船被證明是理想的砲台。到十六世紀初，軍隊將大砲安裝在船上，進行近距離的舷砲齊射，在接下來的三百年裡，在兩層甚至三層甲板上排列的大砲之間的砲戰，將決定大多數海戰的勝負。然而，在陸地戰場上，火藥武器花了更長的時間才真正發揮作用。

早期如原形槍等火器的射程與弩相同，不需太多訓練即可操作，也能發出令人滿意的爆炸聲，但原形槍手直到十七世紀仍只是戰場上的次要角色。部隊的核心依舊是密集排列、紀律良好的長槍兵，他們可以防禦騎兵的衝鋒（並保護原形槍手），他們與敵軍類似裝備的長槍兵組成的方陣的正面對決，通常也是真正決定勝負的關鍵。

不過這種笨重、慢速版的古典戰爭模式，即將在被稱為「三十年戰爭」（Thirty Years' War）的劇變中出現改變。

三十年戰爭的慘痛教訓

從十六世紀中葉開始，「宗教改革」（Protestant Reformation）在歐洲引燃了有如一連串鞭炮般的宗教戰爭——尤其是法國在一五六二年至一五九八年之間的十場內戰，估計奪走了三百萬人的性命，以及始於一五六八年，荷蘭反抗西班牙統治的一場八十年的起義。然而，在一六一八年之後，這些地區性的衝突合併成第一場所有歐洲大國都捲入的戰爭。當三十年戰爭在一六四八年結束時，戰役已呈現出一種形式，並將維持到差不多一個世紀前，而且已經有八百萬人喪命。

宗教熱情是真實的，但發動戰爭的是政府，不是教會。並非故意、但不可避免的是，一個統一的歐洲國家體系正逐漸形成，其中所有人都在參與同一場橫跨整個大陸的博弈：一個權力平衡的體系，在其中，一個國家力量的增強，就自動代表其他所有國家安全的損失。例如瑞典和西班牙這般距離遙遠的國家，沒有互相爭鬥的具體理由，結果卻在德國的戰場上相互廝殺——而且到頭來，宗教的重要性已經比不上權力的零和遊戲。這就是為什麼在戰爭末期，當天主教的哈布斯堡王朝（西班牙和奧地利）似乎變得過於強大，同是天主教的法國卻與勢力衰退的新教徒國家結盟，讓戰爭繼續延續，直到重新恢復「權力平衡」為止。

為這種政策付出代價的是德國——三十年戰爭的大多數戰役都在德國境內進行。

> 沉醉在勝利中的部隊，無視任何控制他們的努力……。接近中午時分，火焰幾乎同時在二十個不同地點突然竄起。提利（Tilly）和帕彭海姆（Pappenheim）（將軍）根本沒時間追問大火從何而來；他們驚愕地瞪大眼睛，召集酩酊大醉、亂成一團、筋疲力竭的士兵去救火。風勢太過猛烈，幾分鐘內整個城市就成了一座火爐，木造房屋在濃煙和烈焰中整個倒塌。此時呼喊的命令是搶救部隊，帝國軍的軍官奮力把士兵趕往空曠處，卻徒勞無功。濃煙築成的牆很快就把整個城區隔絕，不管是為搜尋戰利品而逗留、迷路，或醉倒在地窖裡的人，全都葬身火海。
>
> ——C・V・威治伍德（C. V. Wedgwood），《三十年戰爭》（*The Thirty Years' War*）6

馬德堡（Magdeburg）在一六三一年遭攻陷和摧毀，並造成約四萬居民喪生，只不過是一場看似沒完沒了的戰爭中的另一個事件。傭兵的軍隊一季接著一季行遍德國各地，在他們所經之處散布疾病。成群飢餓的難民和目無法紀的逃兵在鄉間遊蕩，從仍舊從事耕作的農民那邊竊取食物。食人肉的案例時有所聞。到一六四八年西伐利亞和約（Peace of Westphalia）結束殺戮時，德國的人口已經減少了超過三分之一，從原本的兩千一百萬降至僅剩一千三百萬。

接下來，相當突然的是，歐洲戰爭原本規模持續升級的情況停止了。直到十九世紀初為止，後續的歐洲戰爭再也沒有導致類似規模的死亡，直到二十世紀中期，平民的死傷人數也不曾再超過軍人。但歐洲統治者在一六四八年之後所展現的克制，並不是對這些巨大傷亡的回應。戰爭絕大多數的受害者都是德國的農民，沒有任何有權勢的人會真正關心他們。他們更關切的是三十五萬名陣亡的士兵，因為訓練和維護軍隊的成本非常昂貴。不過，真正說服倖存的君主們對未來的戰爭設下限制的，是痛苦習得的教訓：如果戰爭嚴重失控，整個國家和王朝都可能消失（正如三十年戰爭期間的許多例子）。

提利進入被摧毀的馬德堡，1631年5月25日

任何王朝的首要目標都是存活，三十年戰爭讓那些活下來的君主們明白，他們必須合作——至少稍微合作一下。他們可以互相開戰、奪取邊界省分和海外殖民地、肆意地彼此破壞和背叛，但在統治者俱樂部中，再也不能有人輸得那麼慘，以致徹底從賽局中消失（波蘭是例外，它的所有強鄰一致同意將它瓜分）。一個戰爭規模更加有限的時代即將來臨。

瑞典人的創新戰術

火器終於在三十年戰爭期間接管了戰場，但這不是因為武器有任何重大的改進。改變的是戰術，而促成這改變的是瑞典國王古斯塔夫．阿道夫（King Gustavus Adolphus）。他的王國只有一百五十萬人口，使他在周遭強國面前始終處於

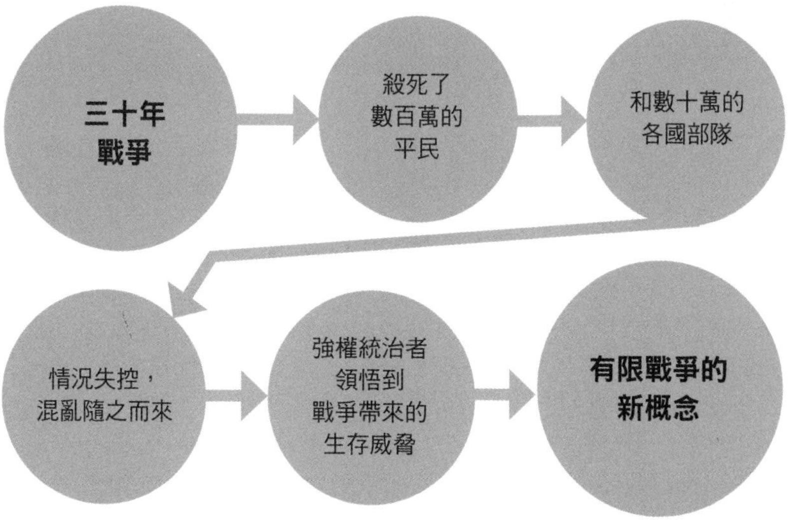
三十年戰爭
殺死了數百萬的平民
和數十萬的各國部隊
情況失控，混亂隨之而來
強權統治者領悟到戰爭帶來的生存威脅
有限戰爭的新概念

劣勢，於是他試圖藉由改變使用武器的方式來彌補。在這麼做的過程中，他創建出了第一支連亞歷山大大帝都不知如何指揮的軍隊。

肩並肩站立的密集長槍兵陣式，仍主宰著歐洲的戰場，但阿道夫知道，如果你能集中足夠的火力，他們也是槍砲的理想攻擊目標。其他人無疑也有同樣的見解，但他們不是缺少勇氣、就是缺乏權威，無法進行為了掌握優勢所需的激進戰術改革。

阿道夫則是二者兼具，因此他把三分之二的長槍兵改成火槍手，只排成三列縱隊，並訓練他們齊射（一排立射、一排蹲射、一排跪射）。他同時也捨棄了需要二十四匹馬來移動的笨重野戰砲，換成只需要一、兩匹馬就可拉動的輕型火砲，並使用預先裝填好的彈藥筒——如此一來，即便在砲火下，在戰場上也能更迅速移動火砲，射擊頻率也大幅提升。

瑞典國王的軍隊可以在一百碼外摧毀長槍兵陣式，不需近身肉搏，只靠火槍齊射和砲火轟擊。接下來，當子彈和砲彈將敵方陣式炸出夠多的缺口，他的騎兵便會展開衝鋒，將亂軍擊潰。

當瑞典人在一六三〇年抵達德國，解救節節敗退的新教徒陣營時，便輕鬆摧毀了「帝國軍」對手（即西班牙和奧地利）的舊式軍隊。阿道夫本人死於一六三二年的戰役中，而最終瑞典的干預也沒有帶來決定性的影響——但歐洲的其他軍隊都迅速採用了由這位瑞典國王首創的革命性戰術。

火器終於成為主角

現在決定戰役的是火器，不是冰冷的刀劍。

——法國元帥J．F．普伊瑟古（J. F. Puysegur），一七四八年[7]

到了一七〇〇年，長槍兵已經消失，所有步兵都配備燧發火槍（flintlock musket），這種經過大幅改良的火器一分鐘可以裝填並發射彈藥兩次。火槍即使在一百碼的距離準確度也不高，但這不是問題，因為它們的目的不是用來攻擊單一目標。一支步兵營的任務只是提供齊射火力。就像是有幾百個活動零件（即士兵）的人肉機關槍，能夠每隔三十秒鐘發動一波密集的火力攻擊。

在一七四五年的豐特努瓦戰役（battle of Fontenoy）中，英國警衛旅（British Guards Brigade）從一條低窪道路出現時，發現自己與一支龐大的法國步兵部隊只相距數百碼。法國軍官邀請英國的指揮官查爾斯．海勳爵（Lord Charles Hay）先開火，但他回答：「不，閣下，我們從不先開火。你先請。」接著繼續前進，直到法軍終於開火齊射。在他們重新裝填彈藥時，倖存的英軍部隊向前推進到與法軍只剩三十步的距離，然後齊射回擊，一秒鐘之內就造成法國部隊十九名軍官和六百名士兵的傷亡——其餘的人則是四散奔逃。美國革命軍在邦克山（Bunker Hill）接到的知名命令——「在看到他們的眼白之前，不准開火」——並非虛張聲勢。這是當時標準的戰術信條。

在十八世紀的戰鬥中，一名士兵的工作基本上是在面對僅一百碼外等同於行刑隊的敵軍時，執行數十個複雜的動作來裝填並瞄準他的火槍。要讓他們做到這一點，需要數年的訓練和極其嚴厲的紀律：普魯士的軍規便明文規定，「如果士兵在一場行動中有逃跑的跡象，或只要腳踏出陣線之外，站在後方的士官就要用刺刀刺

馮．瓦爾豪森（von Wallhausen）所著《步兵的軍事技藝》（*L'Art Militaire pour l'Infanterie*）一書中的火槍演練圖，1630年

穿他，就地處死。」[8]

「我從沒想過我們正在打仗。」

十八世紀戰鬥中的傷亡和古代的戰事不相上下：一七〇四年的布倫亨（Blenheim）戰役，在單日五小時的戰鬥中，勝利的一方損失一萬兩千五百人（百分之二十四的兵力），而失敗的一方則有兩萬人傷亡（百分之四十的兵力）。在七年戰爭（Seven Years' War）（一七五六年至一七六三年）期間，普魯士軍隊有十八萬人喪生，三倍於它開戰時的軍隊人數。[9] 不過，從三十年戰爭到法國大革命這一個半世紀的時間（一六四八年至一七八九年），確實是一個有限戰爭的時期。

實際的戰鬥規模則越來越大——在三十年戰爭的過程中，兩方出兵人數平均從一萬人增加到三萬人，而十八世紀規模最大的幾場戰役，則再度上升到十萬人——但這些戰爭對平民社會的政治和經濟衝擊非常小。某些遙遠的領土可能易手，或是某地的王位可能由不同的人獲得，但歐洲大部分地區的人口、繁榮度和工業都持續成長，戰爭幾乎沒有進入到一般市民的意識中。在七年戰爭最激烈的時期，英裔愛爾蘭小說家勞倫斯・斯特恩（Laurence Sterne）從倫敦前往巴黎時，並未取得到敵國旅行必需的護照（「我從沒想過我們正在跟法國打仗。」），但沒有人在法國海岸把他攔住，法國的外交部長在他抵達凡爾賽宮之後，還很有禮貌地送給他一份護照。[10]

貴族和流浪漢組成的軍隊

到了一七〇〇年，幾乎歐洲每個王國都已建立了直接由政府支付薪餉的「正規」軍人組成的常備軍隊。不同於傭兵，正規部隊即使在承平時期也要付薪水，但是他們比較可靠，同時也讓君主在危機時刻不需依賴一般市民的軍事協助。然而，歐洲各地的軍隊最後幾乎都由「貴族和流浪漢」組成。

新的中央集權君主體制，藉由讓舊的貴族階級壟斷新常備軍隊中的軍官職務來收買他們：隨著財富來源由土地逐漸轉向貿易，這些貴族正逐漸喪失實權，但軍職讓他們得以保住聲望。他們的士兵來自社會光譜的另一個極端：最好的是無土地的佃農，最糟的則是酒鬼和不折不扣的罪犯。當時普遍認為，要控制這種人需要經常動用鞭子和絞刑索。腓特烈大帝（Frederick the Great）說：「一般而言，普通的士兵必須害怕他的軍官勝於害怕敵人。」[11]而威靈頓（Wellington）卻如此談論他的部隊：「我不知道他們是否嚇到敵人；但天啊，他們可嚇到我了！」不過，受過訓練的士兵雖然做為個人受到鄙視，卻是國家不願在戰鬥中輕易浪費其生命的昂貴資產。

有限制的戰爭

各國主要是以開戰時擁有的部隊進行作戰，因為需要多年的反覆訓練，加上對最微小的錯誤施以肢體暴力懲罰，才能把複雜的操練和立即、盲目的服從觀念灌輸給士兵，讓他們在戰場上發揮用處。這意味著即使在和平時期，軍隊也必須維持完整的兵力，這也增加了支出。而且士兵還是有可能逃跑，特別是在戰鬥似乎迫在眉睫的時刻。

這個時期的歐洲軍隊無法「靠土地生活」：如果准許士兵自行去覓食，那麼軍隊保證會消失。因此在作戰區域附近，必須很早之前就先準備好某種中央軍需倉庫，為部隊儲存大量的食物。可以把野戰烤爐從倉庫往前送最多六十英里，用來烘烤麵包，而麵包車可以再把麵包往前送四十英里給軍隊，但這就是極限了。理論上，沒有設置中繼倉庫，軍隊就無法深入敵軍領土超過一百英里。儘管受到嚴密的管控（並提供精心安排的伙食），在七年戰爭期間，仍有八萬名士兵從俄羅斯軍隊裡臨陣脫逃，法軍方面則是七萬人。[12]

此外，軍隊只能在野地有青草的時候（五月到十月）作戰，因為一支十萬士兵的軍隊一般會伴隨四萬頭動物。這四萬頭動物一天要吃掉八百英畝的青草，所以軍隊光是移動到新的牧草地就要花很多的時間。[13] 因此戰爭大多數是在有很多要塞、邊界清楚的地區進行，而且主要由圍城戰組成。在一七〇八年，馬爾堡公爵（The Duke of Marlborough）的圍城部隊包括十八門重砲和二十門圍城迫擊砲，需要三千輛馬車和一萬六千匹馬來運送，占用了三十英里的道路。部隊會透過調度來威脅彼此的補給線，迫使對方撤軍，但實際的戰鬥相對罕見，因為士兵太過昂貴，不能浪費。如法國的薩克斯元帥（Marshal Saxe）在一七三二年所說：「我不贊成大規模會戰……我也相信，一位高明的將軍可以一輩子打仗而不需被迫進行一次會戰。」[14]

所有這些對戰爭的實際限制，又因為所有參與者都活在權力平衡體系中而受到強化：沒有任何大國能夠遭受徹底的失敗，因為其他國家會群起介入，阻止大贏家接管整個體系。然而，這套體系的

馬爾堡公爵在謝倫山之戰（battle of Schellenberg）的圍城部隊，1704年

缺點在於，它會將所有主要大國捲入任何涉及最重要參與者的戰爭中：它會成為一場「世界大戰」。這個用詞雖然相對較新，但這個概念並不新。自從三十年戰爭以來，有超過三百五十年的時間，幾乎每一場歐洲的主要戰爭，不管具體起因為何，都會迅速擴展為涉及當時所有大國的戰爭。

到了十八世紀，由於歐洲帝國同時也統治著地球上的其他地區，這些戰爭純粹從地理意義而言也是世界大戰。舉例來說，在七年戰爭期間，不僅歐洲列強如法國、奧地利、瑞典和俄羅斯聯合起來對抗英國、普魯士和漢諾威，而且除了澳洲之外的每一個大陸，也都有戰爭在進行。在和平協議中，最大贏家英國取得了加拿大、塞內加爾和一些西印度群島的島嶼，並保留了羅伯特·克萊武（Robert Clive）[24]在印度的軍事勝利取得的大部分戰果，但必須將古巴、菲律賓和阿根廷歸還給西班牙。七年戰爭唯一不符合現代世界大戰定義之處，在於殺人武器系統

24 編按：1725-1774，英國軍人、政治家，為不列顛東印度公司在孟加拉建立起軍事、政治霸權。

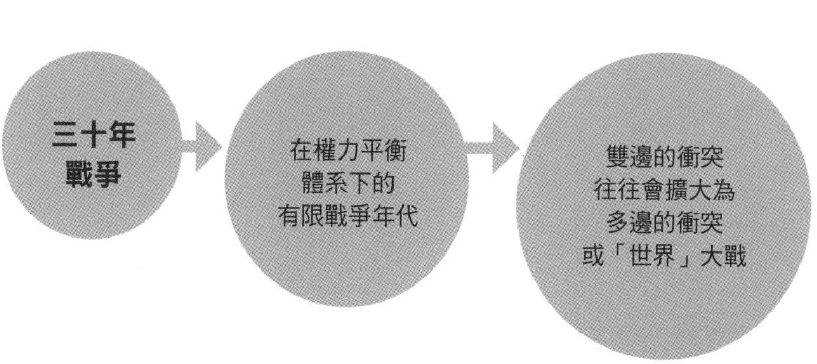
三十年戰爭
在權力平衡體系下的有限戰爭年代
雙邊的衝突往往會擴大為多邊的衝突或「世界」大戰

的致命程度和傷亡的規模。

歐洲人征服了世界

歐洲確實可說是「征服了世界」，不過是發生在兩個不同的階段，而第一階段簡單得要命。在十六和十七世紀，歐洲人不需要非常高等的技術和組織，就征服了石器時代的美洲民族。在歐亞大陸擁擠城市歷經上萬年演化的各種快速致命的流行病，甚至在尚未開戰之前就摧毀了原住民人口。美洲人口在十六世紀期間因為流行病至少減少了百分之九十，當森林重新覆蓋原住民遺棄的農地（他們幾乎都是農民），新生的樹木從大氣中吸收了太多二氧化碳，以致協助引發了「小冰河時期」的出現。[15]

當然，實際的征服仍需要軍事暴力，但歐洲人的馬匹和鐵製武器已震懾了原住民，而入侵者那歐亞人有條不紊的殘酷無情，更令他們震驚到無力反抗。然而，任何其他文明地區——中東的鄂圖曼帝國、印度的莫臥兒帝國，或中國的帝國——只要擁有把他們帶去那裡的航海船隻和商業動機，同樣可以輕而易舉地征服這些美洲民族。在陸地上，伊斯蘭世界肯定已經夠強大：其軍隊依舊大致上與基督教歐洲的軍隊實力相當，甚至直到一六八三年，一支鄂圖曼的軍隊仍有辦法包圍維也納，這已經超過從伊斯坦堡到巴黎的一半距離。

在那個時期，歐洲大國在歐亞大陸其他地方、甚至在非洲，都很少能超過大砲的射程範圍深入內陸：他們的船艦所向無敵，但他們的陸軍則稍有不及。在征服的第二個階段（一七〇〇年至一九〇〇年），英國征服了大部分的印度，鄂圖曼的邊界在奧地利和俄羅斯的壓力下開始退縮，非洲也終於落入了殖民的統治，這一階段的軍事要求更多，而且直到這個時期的最後，歐洲的武器技術才有了重大進展。不過，歐洲人在使用這些武器時所展現的嚴格紀律和殘酷有效的組織管理能力，加上他們迅速增長的財富的支持，使其他任何地方的對手都無法與之匹敵。

因此，對於法國大革命之前的最後一代歐洲人而言，戰爭最壞似乎就是一種可以忍受的邪惡。「舊世界」的其他地區，都逐一落入了歐洲人的統治中，而在歐洲本土，城市不會遭到洗劫，市民們不會為了打仗而面臨交出稅金和自己兒子這種難以忍受的要求，整個國家也不會因為戰爭而消失或陷入混亂。戰爭這一制度已經被控制、限制與合理化（用那個極度崇尚理性的時代的說法來說）。

不過在十八世紀，很少有人意識到這一切限制是多麼脆弱。

第6章

大規模戰爭：

西元一七九〇年至一九〇〇年

革命的到來

權力的平衡將持續波動，我們與鄰國的繁榮或許會交替興起與衰落，但這些局部的事件基本上無法傷害我們整體的幸福狀態……。在和平時期，眾多積極競爭對手的相互競爭加速了知識與工業的進步；在戰爭時期，歐洲的軍力則透過有節制且不具決定性的衝突來進行鍛鍊。

——英國歷史學家愛德華·吉朋（Edward Gibbon），一七八二年[1]

從此刻起，直到把敵人逐出共和國領土為止，所有法國人都要被永久徵召至軍隊服役。年輕人應當作戰；已婚男子應當鍛造武器和運送物資；婦女應當製作帳篷和衣服，並在醫院服務……公共建築應改造成軍營，公共廣場應改造成軍火工廠……所有適當口徑的火器都應交給部隊……所有鞍馬都應徵用供騎兵使用；所有未用於耕作的役馬都應用來拉動火砲和補給車輛。

——國民公會法令，巴黎，一七九三年[2]

吉朋寫下這些話時，他筆下田園詩般的世界只剩下不到十年的光景——而且對絕大多數人而言，它從不那麼具有田園之美。在某種程度上，歐洲的絕對君主理解，在社會的「下層階級」中存在著很大的不滿，甚至是怒火，也知道他們不應該在戰爭中把王國的軍事資源利用殆盡，因為這樣可能會釋放出威脅到他們王位的社會和政治力量。唯有有限度的戰爭才安全。但平等和民主的概念，已經是十八世紀後期思想的普遍共識，甚至在吉朋寫作的同時，第一場基於這些概念的革命正在新成立的美國取得勝利。

大規模徵兵奠定勝利基礎

一七八九年，革命來到了法國，當時它是全歐洲最富有、人口最多的國家。所有其他的歐洲君主自然將此視為一種致命的威脅，於是發動軍隊攻打法國以鎮壓這場革命。在法國，國民公會（National Convention）的回應是宣布徵兵，到了一七九四年的元旦，法國軍隊人數已達約七十七萬人。[3] 隨後展開的大型軍隊戰爭，在接下來的二十年間肆虐整個歐洲。

法國大革命以其自由和平等的原則，先是激發、後來又巧妙利用了狂熱的民族主義，讓民眾能接受徵兵。這群「全民皆兵」（nation in arms）的熱血士兵具備忠誠度和主動性，可以在更開放、機動的陣式中作戰，而且他們往往光憑眾多的人數，就能壓倒舊政權的正規軍隊。

由於新的法國軍隊不太可能逃兵，他們便可以依賴土地生活：如果沒有麵包，他們可以挖土裡的馬鈴薯吃。因此他們可以擺脫過去依賴的軍需倉庫和補給車隊，移動得更快也更遠：一百英里不再是他們實際作戰的上限。他們也可以放手讓士兵去追擊並消滅撤退中的敵軍，不需擔心他們會逃跑，因此戰鬥很少再以平手收場。正如普魯士軍官克勞塞維茨——他在一七九三年十二歲那一年首次參與對抗革命軍的戰役——所說的：「整個法蘭西民族的巨大力量，因政治狂熱而失控，重重將我們壓垮。」[4]

拿破崙在一八〇四年自封為皇帝之後，革命的民主理想就幾乎不再被提及：如今戰爭的目標單純只是為了建立

法國皇帝拿破崙一世於1811年6月1日在巴黎檢閱帝國衛隊的擲彈兵（Grenadiers of the Imperial Guard）

法國在歐洲的霸權。然而，拿破崙仍設法再持續了十年幾乎不間斷的戰爭，靠持續的軍事勝利來餵養法國的民族主義，並在必要時採取強制的手段。在一八〇四年到一八一三年之間，他徵召了兩百四十萬人加入軍隊，帝國終結後只有不到一半的人回到家鄉。他曾說：「部隊就是用來送死的。」然而，隨著時間推移，徵兵的服從意願越來越低。到一八一〇年，法國年度徵兵配額中，有百分之八十的人沒有自願報到。[5]

戰爭依舊非常昂貴，但是由革命政體所建立的高度中央集權政府，能從經濟中取得的資源，比昔日法國君主政權敢要求的還要多。新設立的國有武器工廠從嚴格控管價格和工資中受益。裝備、食物和馬匹都是直接徵用，稍後再根據政府制定的價格付款，或根本不付款。而且在早期，隨著征服的地區逐漸增加，大量金錢從國外湧入，使得有一段時間戰爭實際上可以自給自足。

對抗法國的君主體制國家任務更加艱難，因為他們必須有和革命軍相當的軍隊規模，但他們卻不敢實施全面的徵兵制。他們必須以正規士兵的薪資標準付給所有部隊，這會造成國家財政的沉重負擔。事實上，由於英國必須資助其他大部分的國家，為了履行承諾，它不得不在一七九九年實施全世界第一個所得稅制度。

但這樣還是不夠：拿破崙和他的元帥們一直在打勝仗——一部分原因是他是一位傑出的指揮官，但也因為他有幾乎取之不盡的砲灰來源。而這些國王、王子、公爵們，也無法靠與拿破崙合作來保住自己的王位。從一開始，法國革命軍就以共和政權（經過精心挑選的親法國政權）來取代他們所征服國家的君主政權。拿破崙則是更進一步，併吞整個王國或讓他們成為衛星國家，由他自己的親戚或法國的元帥來擔任統治者。歐洲的君主們如果想要保住自己的王位，就必須冒著風險武裝自己的人民。到最後，有些人真的這麼做了。

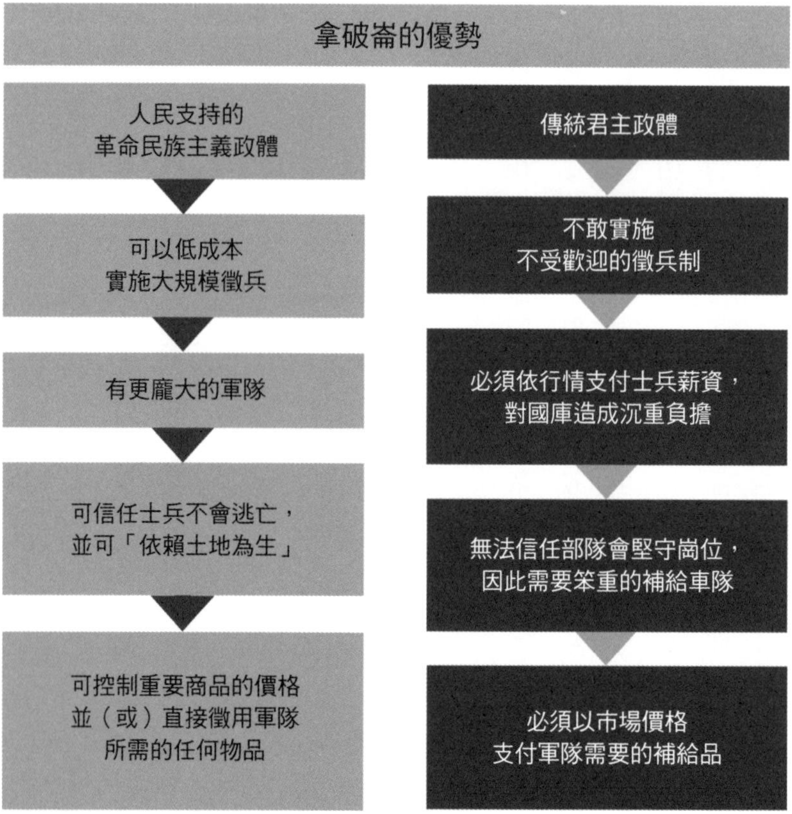
拿破崙的優勢
人民支持的
革命民族主義政體
可以低成本
實施大規模徵兵
有更龐大的軍隊
可信任士兵不會逃亡，
並可「依賴土地為生」
可控制重要商品的價格
並（或）直接徵用軍隊
所需的任何物品
傳統君主政體
不敢實施
不受歡迎的徵兵制
必須依行情支付士兵薪資，
對國庫造成沉重負擔
無法信任部隊會堅守崗位，
因此需要笨重的補給車隊
必須以市場價格
支付軍隊需要的補給品

印刷術對革命的影響

十八世紀末和十九世紀初並沒有發生重大的技術變革，也沒有突然湧現的大量財富。步兵拿的滑膛火槍跟好幾世代前的人拿的一模一樣，海上的戰列艦也是如此。真正的轉變是在政治、而非軍事層面：大眾社會首度找到了一個辦法，可以擺脫專制的統治者，恢復人類古老的平等原則。

在不到十五年的時間裡，人民革命先後推翻了兩個君主政體，第一個是在美洲的英國殖民地（人口三百萬），接著是在法國這個歐洲最大的國家（人口三千萬）。它們是第一批官方價值觀較貼近我們狩獵採集的老祖宗、而非如蟻丘的階級制度的大型國家。為何這種變革在此時發生？又為何是發生在歐洲，而非伊斯蘭帝國或中國？

答案幾乎可以確定是第一個大眾媒體——印刷術的發明。印刷機是由中國人發明，活字印刷也是，但基於幾個理由，印刷術在西方國家具有更深遠的影響力，主要的一個理由或許是識字率的差異。在西方，宗教改革讓個人與上帝的關係以及閱讀並理解上帝在聖經中的話語，變得至為重要，也因而大幅推動了識字風潮。然而，在鄂圖曼帝國和中國，閱讀和寫字仍有很長一段時間專屬於特定階級。遲至一九〇〇年，只有百分之十的中國人口識字；在一九三五年，只有百分之十五的土耳其人能夠閱讀。潛在的閱讀人口根本不存

在。相較之下，在一七〇〇年，英國男性的識字率是百分之四十，在新英格蘭則是百分之七十。[5a]

當時報紙還很少見，但書籍和小冊子則到處可見。在十五世紀，歐洲共印刷了一千萬本書籍，但到十六世紀就有兩億本，十七世紀五億本，十八世紀則到達十億本。[6] 一七七六年，湯姆．潘恩（Tom Paine）在費城出版四十九頁的小冊子《常識》（*Common Sense*），宣揚在美國建立一個基於平等原則的獨立民主共和國：「我們有力量讓世界重新開始。」它三個月內在十三個殖民地共賣出了十二萬本，而且可能有一半的人口都讀過它。當然，重點是他們**有能力**閱讀。

隨著識字率上升和印刷書籍的廣泛普及，真正發生的情況是，在平等基礎上就目的和手段進行討論的能力，即狩獵採集社會制定決策的根本基礎，正重現在西方大眾社會中的人類遙遠後代身上。要讓數百萬人聚在同一個地方進行理性辯論仍然不可能，但書籍可以提出並討論各種想法供他們思考，而這些想法最終可能激勵整個大眾社會。一個新的、更普及的博姆「反向支配階層」版本，能讓平等主義價值觀即使在大眾社會中也適用。

而這正是實際發生的情況。大眾社會一旦解決了人數上的問題，重新取得討論事務並集體做出決策的能力，在文明國家從不曾受多數人歡迎的金字塔式權力和特權結構，便不再具有無可避免的必要性。社會可以自我治理，換句話說，就是民主化，而一旦這種可能性出現，人們便會想起他們一向偏愛的其實是平等、而非階級。革命於焉開始，儘管遭到多次鎮壓，仍有人前仆後繼。當今世界，有相當大比例的人口是生活在或多或少實行民主的社會中，而且幾乎所有其他社會也都佯稱自己是民主的。

平等原則的復興並未自動使其受益者變得和平，正如革命後的法國所清楚展示的例子——不過話說回來，我們的狩獵採集祖先也並非完全和平。如果當時民主制度成為地球上主流的政治形式，會開啟一些有意思的新可能性，不過那還在遙遠的未來。遺憾的是，在當時，人民革命的主要影響是向歐洲國家展示如何利用偽裝的平等主義，也就是更廣為人知的民族主義，讓全民都投入戰爭。

用民族主義激發愛國心

一旦拿破崙宣告自己是法蘭西皇帝，遭受他攻擊的國家要武裝自己的人民就變得安全多了。革命已經結束，法國軍隊不再是解放者，只是攻擊祖國的外國人。倖存的國王們已從經驗中得到教訓，如今明白他們可以利用人民剛萌生的民族情感，來動員反抗法國人的力量。例如在被法國部隊占領了五年的西班牙，平民組成的反抗軍開始以流亡國王的名義，發動民族主義游擊戰（guerrilla，原意為「小型戰爭」）。在駐紮於葡萄牙的英國威靈頓將軍部隊的支持下，游擊隊在這幾年內殺死的法國士兵人數，和拿破崙災難性的俄羅斯戰役中死亡的人數一樣多。

當拿破崙暫時征服了歐洲大陸的其他國家，終於帶著四十四萬士兵在一八一二年入侵俄羅斯時，俄羅斯的民族主義也被動員起來，達成了類似的效果。這場戰爭在俄羅斯歷史上被稱為「偉大的衛國戰爭」(Great Patriotic War)[25]，一種民族間的敵對情緒，讓戰鬥更加殘酷無情，這種敵對情緒在有限戰爭和專業軍隊的年代根本不存在。在博羅季諾戰役(battle of Borodino)[26]，也就是莫斯科淪陷前俄羅斯人的最後抵抗中，俄羅斯共損失了三萬五千人，法國則是損失了三萬人，以下是兩位當時目擊者的描述。

> 當我們抵達山頂時，遭遇到前方和其他幾個側翼砲台的葡萄彈(grapeshot)[27]襲擊，但沒有什麼能阻止我們。儘管我的腿受傷了，我仍然和我的（士兵們）一樣，跳著閃開跳射入我們行列中的實心砲彈。一整列、甚至有半個排的士兵，都在敵人的砲火中倒下，留下了巨大的缺口……。一條俄軍防線試圖阻擋我們，但我們在距離三十碼的地方發射了一輪齊射，突破了防線。接著我們衝向堡壘，並從射擊孔攀爬進去。我在一門火砲發射後立刻爬進去。俄國的砲手用撬棍和推彈杆迎戰，我們則與他們徒手肉搏。他們是令人敬畏的對手。許多法國士兵跌入散兵坑裡，與原本占據其中的俄國士

兵糾纏在一起。

——第三十團，查爾斯・弗朗索瓦上尉（Capt. Charles François）[7]

看見那一大群身上布滿彈孔的士兵實在可怕。法國人和俄國人被丟棄在一起，還有許多傷者動彈不得，躺在那片混亂的戰場上，與馬匹的屍體和支離破碎的大砲殘骸混雜在一起。

——俄羅斯戰爭大臣兼總司令（一八一〇至一八一五年）、陸軍元帥米亥爾・巴克萊・德・托里親王（Prince Michael Barclay de Tolly）[8]

拿破崙打贏了所有戰役，包括博羅季諾在內，甚至占領了莫斯科，但是俄國人並不接受自己的失敗。在德・托里的一聲令下，他們摧毀自己的作物和存糧，不留給法國人，拿破崙最終因為缺乏補給，不得不在嚴寒的冬天撤軍。能夠活著離開俄羅斯的法國人只有幾千人。

---

25 編按：即俄法戰爭，從一八一二年六月底進行到十一月底，持續五個月。
26 編按：這場戰役發生在一八一二年九月七日，是俄法戰爭中的重要戰役。
27 譯註：過去用於大砲的霰彈。

拿破崙的大軍團（Grande Armée）於1812年自俄羅斯撤軍，尤翰·克萊因（Johann Klein）繪

用平等主義誘惑平民

藉著提前一年徵召一八一四年的役齡男子和取消所有徵兵豁免，拿破崙設法在一八一三年春天組織了最後一支大型軍隊，但即使是法國，如今也瀕臨人力枯竭。有些新兵只接受一週的訓練就被丟到戰場上。更嚴重的是，普魯士人終於也實施了徵兵制。在歐洲沒有一個王國比普魯士更專制、更充斥著階級特權和不平等，但一八一三年的法律規定，所有普魯士男性在年滿二十歲時，必須在正規軍中服役三年，接著要在現役後備軍中服役兩年，以及國土防衛軍（Landwehr）中服役十四年。[9]

在展開對抗拿破崙的新戰爭之初，

普魯士軍隊的改革者創立了一個新的英勇勳章：鐵十字勳章（Order of the Iron Cross），這個勳章打破了所有普魯士的社會規則，對農民、中產階級或貴族都一視同仁。他們的法令明文寫道：

> 在當前這場攸關國家存亡的重大災難中，把國家提升至如此崇高地位的奮勇精神，值得以某種極為特殊的紀念物來加以表揚並使之永存。這種堅毅的精神讓國家得以承受鐵血時代無可抗拒的苦難，這份堅毅沒有因為膽怯而退縮，這一點由現在激勵著每個人內心的崇高勇氣得到了證明，這種勇氣能夠存續，正因為它是建立在宗教信仰和對國王與國家的忠誠之上。[10]

改革者賭的是，即使沒有全體公民平等的革命理想，結合愛國精神和強制手段也能讓徵兵制發揮效用，人們會受到戰場上一律平等的承諾所誘惑，這種平等是他們在日常生活無法得到的。結果他們賭對了。

「給我一支國家的軍隊吧。」布呂歇爾元帥（Marshal Blücher）曾向普魯士的改革者如此懇求，在一八一三年他得償所願：由徵兵而來的國土防衛軍讓他的軍隊人數擴增了三倍，並在一八一三年的萊比錫「民族之戰」（Battle of the Nations）和一八一五年的滑鐵盧這兩場擊敗拿破崙的決定性戰役中，扮演了重要的角色。

頒給火槍手艾德加・溫垂斯（Edgar Wintrath）的二等鐵十字勳章證書，1918年10月

國土防衛軍一開始的表現普普通通，不過在飽嘗火藥的滋味之後，他們的表現跟正規軍一樣好。

——布呂歇爾元帥[11]

法國革命和拿破崙戰爭（Revolutionary and Napoleonic wars）的戰役，平均比十八世紀的戰爭規模更大，但本質上它們是同類型的戰鬥，使用的武器也幾乎完全相同。重大的改變在於戰役的**數量**。在古典時代或三十年戰爭中，一年可能有三到四場戰役，雙方軍隊總人數超過十萬人的對決相當罕見。而在一七九二年至一八一四年期間，就有四十九場這樣的大型戰役，規模較小但依然重要的戰役，在同時展開戰事的幾個戰線中，平均每週都會發生不只一次。[12] 至少有四百萬人

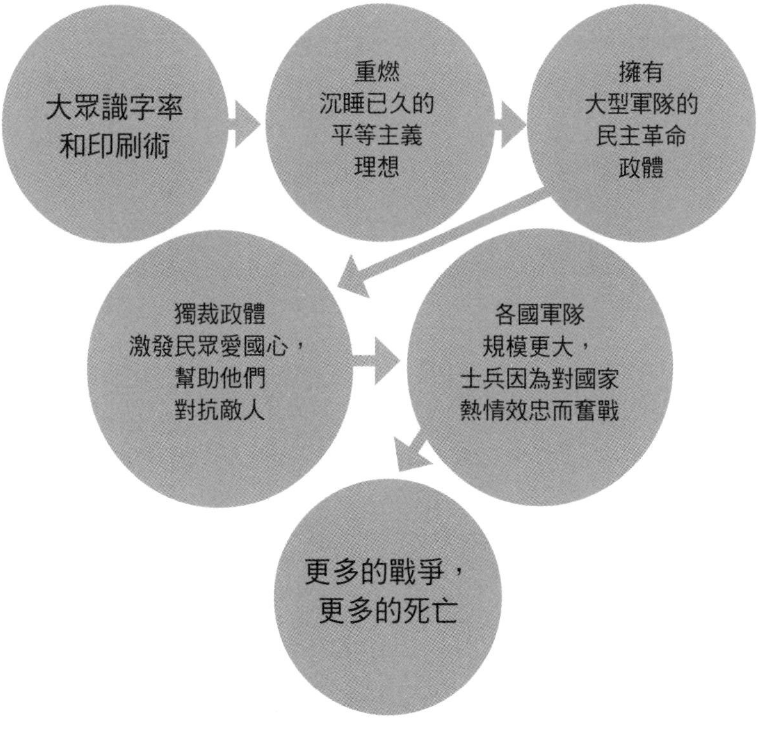

死亡，其中絕大多數都是士兵——這是歷史上前所未見的數字。不過，歐洲社會並沒有在這種壓力下崩潰。歐洲各國已經發展出大規模戰爭所需的財富、組織技術和激勵民眾的方法，其民眾參與程度之高，是其他文明社會都未曾達到的。

暴風雨前的寧靜

> 若對手在使用武力時較為克制，毫不吝惜使用武力、不考慮流血代價的人必將取得優勢……。在戰爭哲學中引入節制原則是荒謬的。戰爭是一種被推至極限的暴力行為。
>
> ——克勞塞維茨，一八一九年[13]

克勞塞維茨是經歷拿破崙戰爭的普魯士沙場老兵，他的戰爭理論著作成為後世軍人奉為圭臬的經典。不過，在十九世紀大部分時期，對暴力的規模確實仍存有一種限制：大體上，平民可免於戰爭最可怕的恐怖遭遇。

其中原因有三點。首先，武器和裝備的工業化生產，其重要性仍遠不如大量士兵本身所扮演的角色。其次，無論如何，軍隊都仍欠缺能打擊敵方生產中心的武器。最後一點，士兵們真心不願將他們的武器對準平民。遺憾的是，當前兩項條件出現變化時，事實證明最後一個理由將不會構成障礙。

當一八一五年拿破崙東山再起的嘗試於滑鐵盧遭到挫敗之後，歐洲主要國家之間保持了四十年的和平。法國大革命過度放肆的行為引發強烈的保守力量反彈，而被普遍放棄的危險創新之一，就是透過徵兵制建立的大型軍隊：歐洲大部分地區都回歸到小規模的專業軍隊。但是到了十九世紀中，一連串戰爭在一八五四年到一八七〇年之間爆發時，除了有海軍保護的英國之外，每一個歐洲主要大國都重新實施了徵兵制——而此時，新技術也開始逐步滲入戰爭之中。

美國南北戰爭

十九世紀中最重要的戰爭，實際上並非發生在歐洲。它是美國的南北戰爭，這場戰爭中總共有六十二萬兩千名美國士兵喪生——人數超過兩次的世界大戰、韓戰、越戰、阿富汗與伊拉克戰爭——且當時美國人口只有現在的十分之一。雙方陣營都很快就採用徵兵制，結果就是人數龐大的軍隊。北方的聯邦軍在四年的戰爭期間徵召了近兩百萬人，而南方的邦聯軍則是在僅三千一百萬的總人口中徵召了了近一百萬人。而其中有五分之一死亡。

在戰爭爆發前的十年間，新式膛線火槍（rifled musket）已經被普遍使用，將一般步兵可擊中對手的射程距離有效增加了五倍，僅僅幾個月之內，防守方的步兵便開始盡可能躲藏在天然屏障物的後方。在實際作戰中，步兵開火的距離與滑膛火槍時代並沒有太大差別：交戰的平均開火距離只有一百二十七碼。不過準確度則是大幅提高，而且大部分士兵會瞄準目標射擊。其中很多人都命中了他們的目標。[14]

步兵盡可能尋找掩護的新習慣，左右了如一八六二年八月第二次馬納沙斯戰役（Second Manassas）之類的戰爭的走向，當時「石牆」·傑克森（Stonewall Jackson）[28]的維吉尼亞軍團躲在一道鐵路壕溝的後方，列陣準備迎戰人數三倍於他們的北方軍步兵。在攻擊最激烈的時刻，某個北方軍軍官騎著馬穿越黑色的火藥煙霧，遠遠領先在部隊之前，奇蹟般毫髮無傷地到達鐵路壕溝的邊緣。他在那裡停頓了幾秒鐘，手持軍刀，英勇卻毫無用處。就在他下方的一些南方軍士兵開始喊道：「別殺他！別殺他！」但是幾秒之內，沒那麼浪漫的士兵就把他和他的馬擊斃了。[15]

我參加過兩場大戰，兩場戰役中都聽到子彈呼嘯而過的聲音，但除了死傷者或俘虜之外，我幾乎沒看到半個叛軍的影子。我記得甚至連錢斯勒斯維爾戰役（battle of Chancellorsville）的指揮軍官都說：「怪了，我們所到之處都沒有看到任何叛軍；只有煙霧和灌木叢，還有我們大批倒下的士兵。」如今我完全能理解……。把一個士兵放在坑洞裡，在他後面的山頭部署一個良好的砲兵陣地，就算他不是很優秀的士兵，也能擊退三倍於他的敵人。

——西奧多・萊曼上校（Col. Theodore Lyman），一八六九年[16]

除了在第二次馬納沙斯戰役帶來巨大殺傷力的前膛裝填單發步槍（muzzle-loading single-shot rifles）之外，基本上每一種現代武器的前身都在美國南北戰爭中登場了。例如像是「七發亨利連發步槍」（seven-shot Henry repeater）這種後膛裝填、彈匣供彈的步槍；如「加特林機槍」（Gatling gun）之類的早期手搖式機關槍；膛線式後膛裝填大砲（rifled breech-loading cannon）、潛水艇、鐵甲戰艦，甚至是使用熱氣球進行的原始形式的空中偵察。廣大的美國鐵路網讓部隊可以長距離快速移動——南北戰爭是史上第一次步兵不用完全依靠步行抵達戰場的戰役——而電報則讓將領們可以協調在廣闊區域內的大規模部隊的行動。

就某個意義而言，南北戰爭爆發得正是時候。如果再晚十年或十五年，大多數這些新武器就會有大量且可靠的型號可供使用，它看起來就會像第一次世界大戰。當時的情況是，

28 編按：Thomas Jonathan Jackson, 1824-1863，美國南北戰爭期間著名的南方軍將領，「石牆」（Stonewall）是他的綽號。

這些武器大多仍屬稀有或不太可靠。大砲尤其無效，它的射程和步兵的膛線火槍相去不遠。在十四萬四千名已知死因的美國士兵之中，有十萬八千人死於步槍的子彈，只有一萬兩千五百人死於砲彈碎片，七千人死於刀劍和刺刀。

二十年之後，當野戰砲可以準確射擊超過一英里，炸彈爆炸的上千碎片可以在二十英尺半徑範圍造成致命傷亡時，這些數字將會截然不同。即使沒有現代的大砲，南北戰爭的戰場在戰爭末期也已展現出令人不安的現代樣貌：在一八六五年彼得斯堡（Petersburg）周圍的戰線上，野戰工事變得極為精細複雜——

彼得斯堡戰役前在壕溝裡的士兵，美國維吉尼亞州，1865年

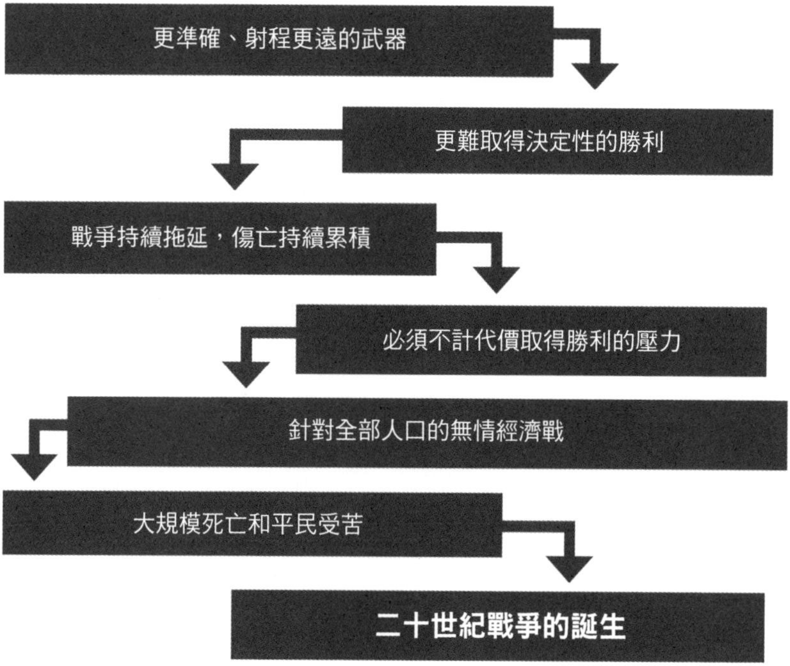
更準確、射程更遠的武器
更難取得決定性的勝利
戰爭持續拖延，傷亡持續累積
必須不計代價取得勝利的壓力
針對全部人口的無情經濟戰
大規模死亡和平民受苦
二十世紀戰爭的誕生

包括地下掩體、鐵絲網和哨所——以致等於預示了第一次世界大戰的壕溝。

南北戰爭也證明了，即使是對抗一個相對較弱的對手，未來要贏得決定性的勝利將有多困難。北方軍實際上擁有比南方軍多四倍的軍事人力（因為南方的邦聯並沒有從龐大的黑奴人口招募士兵），並且至少有六倍的工業資源。在南方各州脫離聯邦的前一年，北方生產了全國百分之九十四的鋼鐵，百分之九十七的煤，以及百分之九十七的槍砲。[17] 然而，它仍用了四年高強度的戰爭才讓南方屈服。

它還需要無情的經濟戰才能取

得勝利。從一開始，北方就對南方進行嚴密封鎖，扼殺它的海外貿易。到最後，威廉．特庫姆塞．薛曼將軍（General William Tecumseh Sherman）（南方邦聯的傑佛遜．戴維斯〔Jefferson Davis〕總統稱他為「美洲大陸的阿提拉〔Attila〕〔匈奴人〕」）還刻意破壞南方內陸的大片區域。「我們不只是對抗敵對的軍隊，也要打擊敵對的人民。」薛曼說道，「必須讓老人和年輕人，富人和窮人，都感受到戰爭的沉重打擊。」[18]

對於那些抗議他的「焦土政策」不道德的人，薛曼只是回答：「如果人們對我的野蠻和殘酷發出怒吼，我會回答戰爭就是戰爭……。如果他們想要和平，他們和他們的親人就必須停止戰爭。」[19]他顯然早生了一些年代。

第7章

全面戰爭
兩次世界大戰

綿延的戰線

一開始將會有更多的屠殺——屠殺的規模如此可怕，以致不可能調動部隊來推動戰役獲得決定性的結果。他們會嘗試這麼做，以為自己是在舊有條件下作戰，但他們將得到如此慘痛的教訓，以致永遠放棄這樣的嘗試。然後……我們將會……經歷一段漫長的時期，交戰雙方將面臨持續加劇的資源壓力……。下一場戰爭中，所有人都將深陷壕溝之中。

——伊凡．布洛赫（I. S. Bloch），一八九七年[1]

上述對於下一場大戰的預測在邏輯上無懈可擊，是由華沙銀行家、熱心的和平主義者布洛赫在一八九七年於俄羅斯發表的。當戰爭來臨時，各大國都會召集數百萬的軍人，用火車將他們快速送到前線。考量到每個士兵目前可用的火力，最終的僵局將無可避免，因為防禦力要比攻擊力強得多。但專業軍人並沒有認真看待布洛赫的著作，每支軍隊都在一九一四年同時發動攻擊，深信一連串快速的決定性戰役會在六個月內讓戰爭結束。

第一次世界大戰無關乎貿易、海外殖民地或阻止某個可能的征服者。在一九一四年，沒有人想要或計劃發動戰爭。兩個鄰國之間的戰爭通常有或多或少合理的具體原因；但從亞諾馬米人村落到二十世紀的歐洲強權，多方結盟的體系卻可能在毫無意圖的情況下，陷入系統性的全面戰爭。

法國因為德國的人口和工業成長速度更快而心生忌憚，於是找了遠在德國另一邊的俄國結盟。德國覺得自己受到包圍，便與奧匈帝國結盟，奧匈帝國也希望獲得德國的支持，因為它正在跟俄國爭奪巴爾幹地區的一些領土。而英國也跟法國和俄國建立了「協約」（意思幾乎等同於結盟），因為德國的崛起也令它感受到威脅。這些都只是謹慎的應變計畫，並非狂熱的侵略行動——但如果有人發生衝突，就算是跟聯盟體系之外的國家（如一九一四年奧匈帝國與塞爾維亞的衝突），也很容易將兩個聯盟的所有成員都捲入一場大戰。

戰爭確實就這樣在短短一個月內爆發了，因為整個體系處在一觸即發的狀態。事情原本不該如此發展，但當時普遍（儘管是錯誤的）的信念認為，讓戰爭結束的決定性戰役很快就會發生，因此最先動員和發動攻擊的國家將擁有巨大優勢。事實上，終結了運動戰（war of movement）[29]並把一次世界大戰的士兵們推入戰壕的主要物品——栓動式連發步槍、氣冷和水冷式機關槍、速射和長程的大砲、鐵絲網等等——在美國南北戰爭的戰場上就已看到了雛形，到一九〇四至〇五年的日俄戰爭，就有了發展成熟的版本，但是由於這兩個前例

---

29 編按：一種戰爭形式，強調軍隊快速移動、靈活調度和進攻，以期快速突破敵方防線、包圍敵人、奪取戰略要地，從而迅速取得勝利。

是發生在歐洲之外，因而大多被忽略。儘管有布洛赫的警告，一九一四年奔赴戰場的士兵們，大多對自己即將面對什麼情況毫無概念。

> 我們聽著無止盡的如鐵鎚般猛擊我們戰壕的砲彈聲。擊發引信和定時引信、一〇五毫米、一五〇毫米、二一〇毫米——各種口徑的砲彈[30]。在這毀滅性的風暴中，我們立即辨認出那即將埋葬我們的砲彈。我們一聽見它令人驚恐的呼嘯聲，便痛苦地彼此對望。我們全身蜷縮、束手無策，在它極度沉重的氣息之下蹲伏著，頭盔互相碰撞作響；我們如醉漢般踉蹌而行。梁柱搖晃，一片令人窒息的煙霧充滿掩體內，蠟燭也熄滅了。
>
> ——法國老兵[2]

在一九一四年八月的前兩週內，德國軍隊隨著後備部隊加入軍團，規模擴增了六倍。到八月中旬，火車已將一百四十八萬五千名德國士兵運送到法國和比利時的邊界。法國、奧地利和俄羅斯也展現類似的組織動員奇蹟——不過到十月時，各國軍隊都停滯了下來。

機械化武器——速射火砲和每分鐘可發射六百發子彈的機關槍——令空中落下致命的鋼鐵彈雨。任何想在地面上移動的人幾乎必定會被擊中。殺戮已經機械化，士兵成了機器的囚犯，被困在地面下不斷擴張的壕溝中。

到了一九一五年初，各國軍事當局才開始理解到，他們面臨了一個全新的戰略問題：綿延不斷的戰線。沒有敵軍的側翼可以讓你包抄，只有兩條綿延四百七十五英里的戰壕系統，從英吉利海峽直到中立國瑞士的邊境。兩邊的前線通常僅相隔數百碼，但有些地方甚至不到一百碼。

綿延的戰線是簡單數學計算的結果。在十九世紀後半，武器的火力突飛猛進，讓步兵可以控制更廣闊的戰線。他們不再需要肩並肩作戰：到了一八九九年的南非戰爭（South African War）[31]，步兵使用的步槍已經能在一千碼的距離每分鐘發射十發子彈，波耳人發現，他們只需要每隔三碼配置一名步槍手，就可以阻擋英軍的正面攻擊。[3]

將單一步兵現在可以守住的戰線寬度，乘以一場歐洲戰爭中可用的數百萬士兵，綿延的戰線就成了必然的結果。軍隊如今可以散開來填滿所有可用的空間，於是他們也這麼做

---

30 譯註：這段話在描述一次大戰的壕溝戰的情境。擊發引信（percussion fuses）是在砲彈撞擊地面物體時引爆，用於直接攻擊敵軍壕溝、要塞或設備。定時引信（time fuses）則是在發射後一定時間引爆（通常是在空中），以擴大彈片爆裂範圍，造成最大的傷害。一〇五毫米、一五〇毫米、二一〇毫米則是指火砲的口徑（砲彈直徑）。大口徑砲彈的目的是造成更大的毀滅，而較小口徑火砲則利於快速轟炸。

31 譯註：又稱為第二次波耳戰爭（Second Boer War），是大英帝國和川斯瓦共和國（Transvall Republic）與奧蘭治自由邦（Orange Free State）之間的衝突。在這場戰爭之後，川斯瓦和奧蘭治都淪為英國在南非的殖民地。

了——不只是在法國，還遍及俄羅斯廣闊的土地，後來也擴及義大利北部、希臘北部、土耳其東北部、美索不達米亞（伊拉克）和巴勒斯坦。

對戰壕中的士兵而言，這是一種新型態的戰爭。以前除了圍城戰期間之外，軍隊每年只有幾天會與敵軍接觸。如今士兵終日待在戰壕裡，敵軍近在咫尺，彼此喊話都聽得見。他們每天都面臨被殺死的風險，每天也都忍受著生活在溝渠中的痛苦。

壕溝戰與砲戰

雙腳長時間泡在這種如稀粥般的泥濘中，導致一種後來被稱為「戰壕足」的病症。軍團裡有幾十個截肢的案例。

——英國老兵

老鼠會騷擾你；如果你受傷又沒人照顧，老鼠就會啃食你。這是一個骯髒、惡劣的生活環境，充斥著人類已知的所有腐敗。

——英國老兵

綿延的戰線意味著，除非你突破正對著你的敵軍陣線，否則你不可能移動——而且**每一次**攻擊都必然是正面的攻擊。將領們很快發現，他們的步兵如果在毫無援助的情況下前進，必然會遭到屠殺；唯一的突破方法，就是在攻擊之前，用砲火炸毀敵軍的戰壕和槍砲陣地來消滅敵軍的火力。因此，壕溝戰也成了砲戰。

此時，有一半的傷亡是砲火造成的，而砲彈的生產也趕不上需求。戰前法國的作戰規劃是設定軍隊一天大約會使用一萬枚七十五毫米的砲彈；到了一九一五年，法國每天生產二十萬枚砲彈，卻仍舊無法滿足需求。開啟一九一七年第三次伊普爾戰役（the third battle of Ypres）的十九天英國轟炸行動，使用了四百三十萬枚砲彈，總重達十萬七千噸，這是五萬五千名工人一年的產量。[4]

然而，他們依舊無法取得真正的突破。轟炸會摧毀敵軍第一線戰壕的大部分機關槍，但永遠會有足夠的守軍存活下來，使得前進變得緩慢且代價高昂。就算發動攻擊的步兵成功在一天之內奪取敵軍的第一線戰壕，這時間也已足以讓敵軍的後備部隊在後方部署一整個新的壕溝系統。在三年多的時間裡，沒有任何一次進攻能讓西線戰線推進超過十英里。

> ……白天，磚塵形成的紅色雲霧籠罩著被砲轟的村莊，夜晚，東方地平線傳來轟鳴聲，冒出陣陣亮光。在這片荒蕪之地，我隨處都可看見被奴役者的面容和身影，行

軍的隊伍因灰色厚重軍服上的汗水沾染粉白灰塵而呈現珍珠般的光澤；運送物資的隊伍在砲火閃爍的月光下負重蹣跚前行；「一波波」的突擊部隊沉默、臉色蒼白地伏臥在突擊起點的標線上。

我跟他們蹲伏在一起，頭頂上呼嘯而過的鋼鐵冰川，颳走了在我耳邊嘶吼的每一個字句、每一個訊息片段……。我跟著他們一同前進……上上下下地翻越如巨大毀壞蜂巢的地面，我的這一波隊伍逐漸消散，接著第二波上來，也同樣消散，再來的第三波和殘留的第一波和第二波匯合在一起，再過一會兒，第四波跌跌撞撞闖入其他幾波殘餘的隊伍中，我們開始向前奔跑，想追上彈幕，氣喘吁吁、汗流浹背，成群聚在一起，雜亂無章，把過去幾個月的訓練和演習全都拋諸腦後。

我們來到尚未被剪斷的鐵絲網前，在其後方我們看到灰色煤斗形的鋼盔在晃動……機關槍猛烈掃射的爆裂聲，轉變為如同上百台引擎同時排放蒸汽般的刺耳聲響，轉眼間就看不到任何一個站立的人了。一個小時後，我們的砲火又「重新瞄準第一個目標」，而整個旅連同它所有的希望和信念，已經在索姆河（Somme）戰場的北面山坡上找到了它的墳墓。[5]

——亨利·威廉森（Henry Williamson），《潮溼的法蘭德斯平原》（*The Wet Flanders Plain*）

像是毒氣這類的新型武器只是增加了傷亡，卻無法打破僵局，戰爭變成了單純的消耗戰。在一九一六年的索姆河戰役，英軍在五個月的戰鬥中，以四十一萬五千名士兵的代價，奪取了四十五平方英里的土地——每一平方英里無用的土地要犧牲超過八千人的性命——不過德國也不得不犧牲相對數量的人員和裝備。由於英國、法國和俄羅斯的人口是德國和其盟友的兩倍，只要進行夠多這種規模的戰役，他們最終很可能取得優勢（儘管沒有人把這一點公開說出來）。

涉及平民的消耗戰

消耗戰不僅涉及士兵，也牽涉到平民。隨著健壯的年輕男性離開加入軍隊——法國徵召

消耗戰的殘酷數學

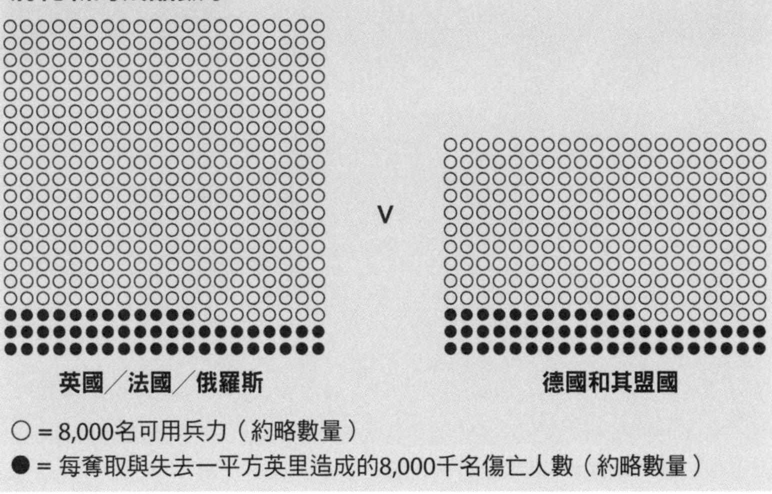

○ = 8,000名可用兵力（約略數量）

● = 每奪取與失去一平方英里造成的8,000千名傷亡人數（約略數量）

了總人口百分之二十的人從軍，德國則是百分之十八——民間經濟實際上也被徵用了。勞動力和原物料不再由市場分配，而是由政府命令調配，食物和稀缺的消費商品則實施定量配給。數百萬女性首度成為工廠工人，取代前往戰場的男性。人們開始使用「後方戰線」這個新詞彙，因為彈藥工人以及整體製造業的角色，對戰爭勝利的重要性不亞於壕溝裡的士兵。不過，所有的「戰線」都可能被攻擊——它們確實也遭到了攻擊。

經濟戰主要是在海上進行：雙方立即對彼此的海上貿易實施封鎖。英國攔截所有前往德國港口的船隻，在戰爭的最後兩年，營養不良導致的德國平民死亡人數比和平時期多出了八十萬人。[6]

在英國砲彈工廠中操作車床的女性彈藥工人

德國由於海軍規模較小，便依靠潛艇來切斷英國的海外糧食和原物料供應來源。U型潛艇（U-boat）在戰爭期間擊沉了一千五百萬噸的船隻，但從未能成功阻斷補給線，而德國在一九一七年一月宣布的「無限制」潛艇戰政策，讓美國加入了對德作戰的陣營。這完全補足了俄國因為布爾什維克革命，在該年稍後退出戰爭所損失的俄國兵力——而在一九一七年九月英國皇家海軍恢復歷史悠久的護航制度後，駛往英國的船隻損失也大幅降低。

然而，現在有另一種攻擊敵國經濟的方法：直接攻擊工廠和戰時工人。在萊特兄弟首次進行動力飛行後僅僅十二年，德國就已擁有可飛行數百英里、並對敵人城市投擲炸彈的飛行器：齊柏林飛船（zepplins）。想當然耳，有了自然會用。

> 我們的構想是裝備十二到二十架齊柏林飛船，並訓練其機組人員進行協同作戰任務。每一艘飛船攜帶約三百枚燃燒彈。它們會在夜間同時進行攻擊。因此，可能會有多達六千枚炸彈同時如雨般落下〔倫敦〕……。當我被問及技術方面的意見時，撇開道德不談，我同意這是絕對可行的。
>
> ——恩斯特・雷曼上尉（Capt. Ernst Lehman），德軍齊柏林飛船部隊[7]

第一次對倫敦的重大空襲發生在一九一五年九月，當時齊柏林L－15飛船在夜間朝倫敦投下了十五枚高爆炸彈和五十多枚燃燒彈，造成十七人傷亡。後來的空襲包含了更多的齊柏林飛船以及雙引擎和三引擎的轟炸機，但在整個戰爭中，只造成四千

IT IS FAR BETTER
TO FACE THE BULLETS
THAN TO BE KILLED
AT HOME BY A BOMB
JOIN THE ARMY AT ONCE
& HELP TO STOP AN AIR RAID
GOD SAVE THE KING

Essex Record Offic

上圖：齊柏林飛船成了英國徵兵廣告裡出乎意料的主角，廣告的內容是：「面對子彈比在家中被炸彈炸死好多了／立刻從軍，協助阻止空襲／天佑吾王」，1915年
下圖：艾塞克斯（Essex）一艘齊柏林L－33飛船的殘骸，這是1916年9月23與24日夜間被擊落的兩艘飛船之一

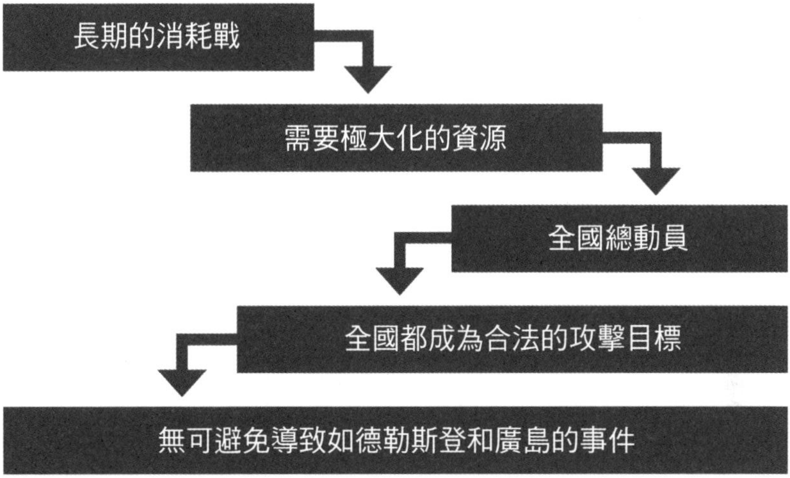
長期的消耗戰
需要極大化的資源
全國總動員
全國都成為合法的攻擊目標
無可避免導致如德勒斯登和廣島的事件

名英國平民死亡。儘管如此，這些空襲仍為日後的鹿特丹、德勒斯登、廣島，以及所有二十世紀遭空襲摧毀的城市開創了先例——也為核威懾（nuclear deterrence）戰略開創了先例。在一九一五年之後，所有人都成了合法的攻擊目標。

坦克加入戰場

> 恐慌如一道電流蔓延，沿著戰壕從一名士兵傳給另一名士兵。當轟隆作響的坦克履帶在頭頂上方出現，最勇敢的士兵爬出地面發動自殺式反擊，朝坦克車頂投擲手榴彈，或射擊和刺擊任何可觸及的展望孔。他們被射殺或輾壓，其他人則驚恐地舉手投降，或是沿著交通壕逃往第二條防線。
>
> ——德國步兵首次與坦克交鋒，一九一六年。[8]

戰壕造成的問題，從它在一九一四年年底出現一、兩個月之後，英國的參謀軍官史雲頓上校（Col. E. D. Swinton）就想到了解決辦法。顯然，當時需要的是一種能抵擋機槍子彈、自帶火砲，且能依靠履帶駛過砲彈坑、鐵絲網和戰壕的裝甲車輛。這個在一開始被稱為「陸上戰艦」（landships）的最早生產型號，在一九一六年底抵達西部戰線，但真正大規模投入戰鬥，則要等到一九一七年十一月的康布雷戰役（battle of Cambrai），有四百七十六部坦克投入了戰場。

在康布雷，同樣第一次出現的是一份完整的砲兵火力計畫，要對德國防禦陣線同時發動攻擊，一路到達最遠的預備部隊陣地，同時還有增援的一百五十個砲兵連秘密抵達該區域。為了達成徹底出其不意的效果，這些增援的火砲並沒有用平常的方式開火「校準」它們的目標（意思是

坦克投入戰場的第一張官方照片，攝於1916年9月15日的弗萊爾—庫瑟萊特戰役（Battle of Flers-Courcelette）。這部坦克是「Mark I」。

發射幾輪火砲以確認彈著點是否在正確的位置）。相反地，他們完全依賴空中偵察、精確的地圖繪製與彈道計算，在攻擊當天早上，全部一千門火砲同時開火。這是第一次大規模使用「預測火力」（predicted fire），在坦克和兩百八十九架擔任砲兵偵查機、地面攻擊機和轟炸機的飛機協助下，這次攻擊幾乎完全突破了德軍防線。德軍靠著非常迅速猛烈的反擊，才總算堵住了破口。

在康布雷使用的坦克和預測火力，讓英國軍隊以四千名士兵傷亡的代價，在六個小時內前進了六英里。同一年稍早，英國在第三次伊普爾戰役中花了三個月、且損失了二十五萬的兵力，才前進了類似的距離。此後，壕溝戰的僵局結束了，因為德國人也用同樣的方法解決了突破防線的問題，儘管他們對坦克的依賴度較低。從一九一七年九月在里加（Riga）對俄國防線的攻勢開始，德國砲兵軍官格奧爾克．布呂赫穆勒（Georg Bruchmueller）獨力設計出一套類似的突襲和快速突破公式：採用沒有預警的大量間接和預測火力攻擊，以及用步兵組成的「突擊隊」繞過敵軍據點，並持續深入防衛區，製造混亂和恐慌，最終迫使敵軍大規模撤退。

德國坦克在數量或品質上從未能與英國相比，不過在一九一八年春天是德國率先發動攻勢（在防守了三年之後），這是在大批美軍部隊抵達法國之前，為了贏得戰爭而孤注一擲的豪賭。一九一八年三月在阿拉斯（Arras），六千六百零八門德國火砲在進攻的第一天發射了三百二十萬發砲彈——而且，德國人在兩星期之內取得的土地，比協約國陣營在整場戰爭所有攻勢中取得的土地還要多。隨後德軍又發動了更多快速前進的攻勢，協約國差點在一九一八年輸掉這場戰爭，但是德軍終究無法抵達巴黎或英吉利海峽的海岸——而且他們在一九一八年三月到七月之間損失了一百萬人。[9]

在那之後，盟軍（協約國）轉守為攻，主要使用英國、加拿大和澳洲的部隊擔任攻擊的先鋒，也展現了同樣的地面推進能力。假若戰爭持續到一九一九年的話，盟軍原本計劃動用數千部坦克，在飛機的密切支援下衝破敵軍前線，步兵則乘坐裝甲運兵車緊跟在後，但這已非必要。到了一九一八年十一月，德國陸軍已經崩潰，海軍發生叛變，柏林當局也要求停戰。

第一次世界大戰的德國少年士兵

巨大的勝利，糟糕的和平？

為何隨後的和平條約如此嚴苛，包含「戰爭罪責」條款（‘war guilt’ clauses）、鉅額的賠款，以及整個帝國的瓦解？為何和平只持續了二十年？

導致第一次世界大戰的國家對立、軍事恐懼和領土爭議，並沒有比一個半世紀前導致七年戰爭的原因來得嚴重。不過，在那種早期的戰爭形式中，小型專業軍隊在檯面下彼此交戰，而各地的平民基本上對此無動於衷。到最後，輸家會交出一部分的領土給贏家，和平便會重新到來。會有十萬士兵死亡，但掌握權力的人不太在意他們，也沒有政權因此倒台。

另一方面，發生在一九一四年至一九一八年的衝突則是第一場全面戰爭，歐洲各國政府驚愕地發現，在一方取得全面勝利而另一方全面投降之前，要停止戰爭幾乎是不可能的事。當六千萬士兵被徵召入伍，其中幾乎有一半非死（八百萬人）即傷（兩千萬人），以及當人民承受這些巨大損失的意願，要靠每個國家將戰爭描繪成對抗絕對邪惡的道德聖戰的仇恨宣傳來維持——這時候政府就不能只解決那個引爆戰爭的小小巴爾幹爭端，交換一些殖民地，然後把倖存的士兵送回家。

全面戰爭意味著勝利也必須是全面的：不僅是政府的存續、整個政權的存續都取決於此。即使政府已預見軍隊崩潰或社會革命即將發生，它們仍拒絕考慮妥協的和平。崩潰和革命，隨後也如期到來。

崩潰和革命

首先崩潰的是俄羅斯的軍隊，發生在一九一七年初，國內瀕臨饑荒的情況帶來了一九一七年三月的（第一次）俄國革命。四月，在又一次絕望的攻勢後，法國陸軍半數的師發生叛變，恢復秩序後，有兩萬五千名士兵面臨軍法審判。五月，在卡波雷多（Caporetto），有四十萬的義大利部隊直接逃離戰場。即使是英國，政治的穩定性也不再確定：在同一個月稍後，倫敦的帝國總參謀長寫信給英軍駐法國的指揮官道格拉斯・海格將軍（Gen. Sir Douglas Haig）說：「我恐怕迴避不了這個事實，部分是受到俄國革命的影響，國內確實出現了一些動盪。」[10]

戰爭摧毀了戰敗方的所有帝國——德國、俄羅斯、奧地利和鄂圖曼。後三者被切分成十幾個新的國家和領土。大約有一半的歐洲、中東和非洲人民發現自己生活在一個截然不同的政權之下，甚至成了不同國家的公民。在戰爭期間施行的極權統治，在和平時期持續存在於新的蘇聯，後來也被義大利和德國的法西斯政權重新採用。而戰敗國對和平協議極度不滿，以致僅在二十年後就重燃戰火。

閃電戰

面對前所未有的軍事難題，第一次世界大戰的軍人解決了壕溝戰的僵局，每個國家的軍方專業人士也開始討論如何最有效地利用坦克，來恢復戰事的機動性。在第二次世界大戰的初期（一九三九年至一九四一年），至少表面上看起來，德國人找到了正確的答案。

「閃電戰」（Blitzkrieg）是利用由坦克、步兵和火砲組成的高機動性部隊，全部以履帶或車輛移動，在狹窄的戰線上突破敵軍的防守，地面攻擊機（如斯圖卡俯衝轟炸機〔Stuka〕）則提供近距離支援，其行動的精髓就在於速度。不要在敵軍的據點前停下腳步；只要繞過它們繼續前進。你應該在幾個小時內穿過重兵防守的區域，接著裝甲縱隊高速推進，在敵軍前線的後方製造混亂，並攻占更後方的指揮部和通信設施。在理論上，以及通常在閃電戰初期的實戰中，當駐守的部隊意識到自己和指揮部與補給線的聯繫已被切斷，敵軍前線就會崩潰。

一九三九年，德國的閃電戰只以八千名德軍陣亡的代價，就在三週內摧毀了整個波蘭陸軍。隔年春天在法國，閃電戰甚至更為成功：法國和英國有更多、性能更好的坦克，但德國憑藉更高明的戰術，在六週內就征服了荷比盧三個低地國家和法國。漫長的消耗戰似乎已經是過去式了，但事情沒這麼簡單。坦克讓原本不動的綿延戰線開始移動，主要的受害者變成了平民，而非壕溝裡的士兵。

消耗戰回來了

到戰爭中期，當德軍深入蘇聯境內作戰時，消耗戰又回來了。俄國人已學會應對閃電戰，他們建立深達數英里的防衛區，包括連續的戰壕帶、地雷區、地下掩體、砲兵陣地和坦克陷阱，減緩裝甲先鋒部隊的速度，最終讓它們消耗殆盡。坦克曾再度平衡戰局，可以說它們恢復了攻勢的威力，並讓突破防線成為可能，但它們並未終結綿延不絕的戰線。有時它們會成功突破，但即使如此，整個敵軍陣線通常會撤退數十或數百英里，然後又重新回復穩定。

西方盟國軍隊的損失相對輕微，因為一九四〇年五月到一九四四年六月之間，他們在歐洲大陸（其中大部分由德軍占領）沒有或只有極少部隊在進行地面作戰，但在東部戰線，損失則是相當慘重。舉例來說，俄國人在戰爭期間建造了約十萬部坦克、十萬架飛機和十七萬五千座火砲，其中至少三分之二在戰鬥中被摧毀，但全面動員的工業社會仍可承受巨大損失並持續運作。德國人到最後動員了三分之二年齡在十八到四十五歲的男性加入軍隊，並損失了三百五十萬名軍人，[11]但到一九四五年四月，他們的軍隊依然在作戰，當時面對蘇聯從東部推進，英美聯軍從西部推進，兩條戰線幾乎就是在滿目瘡痍的德國中部背靠背地對抗著敵人。

更慘重的平民死傷

雖然軍人的傷亡慘重，但平民的損失更為嚴重。隨著綿延的戰線遍及整個國家，它們幾乎摧毀了沿途的一切。

> 內臟四濺在瓦礫堆上，從一個垂死之人噴濺到另一個人身上；緊密鉚接的機器像被剖開的牛肚一樣被撕裂，燃燒著、呻吟著；樹木被炸成碎片；敞開的窗戶湧出滾滾塵埃，令一個舒適客廳的殘留痕跡消散於無形……。軍官和士官們在這災難性的戰場上聲嘶力竭地呼喊，試圖重新集結他們的部隊。那就是我們參與德軍推進的狀況，在噪音和塵土中被召喚，跟隨坦克揚起的塵雲，到達別爾哥羅德

美國麻州《春田聯合報》（*Springfield Union*）在「巴巴羅薩行動」（Operation Barbarossa）開始時的頭條標題。上面寫著：「德國對俄羅斯延後多時的攻勢在一百六十五英里長的戰線展開」

（Belgorod）的北郊⋯⋯

被燒毀的別爾哥羅德廢墟在第二天晚上落入〔我們倖存部隊〕的手中⋯⋯我們接到命令，要在一個叫做德普特羅特卡（Deptreotka）——如果我沒記錯的話——的郊區灰燼中清除殘餘的抵抗力量。完成掃蕩任務時，我們跌坐在一個巨大彈坑的底部，茫然無聲地凝視著彼此很久。沒有人說得出話⋯⋯。空中仍在轟鳴、震動，充滿了燃燒的氣味⋯⋯。到了第四或第五天晚上，我們已經在不知不覺中穿越了別爾哥羅德。

——蓋・薩耶（Guy Sajer），一名被徵召加入德軍的阿爾薩斯（Alsace）[32]士兵[12]

一九四一年十月，德國部隊在入侵行動開始後的三個月，第一次抵達別爾哥羅德這個位於俄國南方、有三萬四千人口的城市，但那一次這座城市算是幸運的。戰鬥進行了兩天，但大部分的建築和市民都倖存下來。德國第六軍在史達林格勒被殲滅之後，戰線往西移動，蘇聯部隊便在一九四三年三月解放了這座城市。別爾哥羅德再次幾乎毫髮無傷地逃過一劫：德軍撤退得太快，以致沒有時間摧毀它。

薩耶上述的描述指的是一九四三年七月的第三次入侵，當時大德意志師（Gross Deutschland Division）在庫斯克會戰（Battle of Kursk）中重新奪回了別爾哥羅德，這場戰役是戰爭中德軍最後一次大規模進攻。六千部坦克、三萬門火砲和兩百萬名士兵在數百英里的戰線上交戰。德國的裝甲先鋒部隊最終被蘇聯的多層防線擋了下來，蘇聯的反擊在八月中再次解放了別爾哥羅德。這一回德軍試圖將它守住，巷戰造成三千名士兵在市區內喪生。當戰鬥結束時，別爾哥羅德三萬四千名居民中，只有一百四十人在廢墟中倖存。其餘的人都成了難民、被徵召入伍或已經死亡。

別爾哥羅德沒有軍事重要性，但戰線四度橫越這座城市，幾乎將它徹底毀滅。同樣的情況也發生在歐洲數以千計的其他城鎮和鄉村：第二次世界大戰造成的軍人死亡人數至少是第一次世界大戰的兩倍，但平民的死亡人數也近乎軍人的兩倍。其中的六百萬平民是納粹以「種族」的理由蓄意謀殺的猶太人，這事件後來被稱為「大屠殺」(the Holocaust)。這些人的死亡，以及其他四百萬被納粹視為「不良」的波蘭人、俄羅斯人、羅姆人、男同性戀者和殘障者的死亡，嚴格說來並非戰爭的一部分，但戰爭時期的情勢為整個行動提供了掩護，正如一次世界大戰為亞美尼亞人的種族滅絕提供了掩護。

平均而言，戰鬥最激烈也最漫長的德國以東的國家，在二次大戰中大約損失了百分之十的人口。自一九四五年以來，大型正規軍捲入綿延戰線的戰爭已很罕見，但在少數情況下，當他們在人口稠密國家的綿延戰線上作戰（例如韓戰）時，平民的死傷也是同樣慘重。

---

32 譯註：鄰近德國，在二戰前隸屬法國的一個大區。

戰略性大規模轟炸

在上一場戰爭中，國家的瓦解是由地面軍隊的行動造成的。〔在未來〕它將直接由……空中武力來完成……。戰爭將主要針對城市裡手無寸鐵的人口和大型工業中心……。一個遭受此種無情的猛烈攻擊的國家，其社會秩序必然全面崩解……。那將是一種非人道、殘酷至極的行為，但這就是事實。

——朱利奧．杜埃特將軍（Gen. Giulio Douhet），一九二一年[13]

七千萬死於二次大戰的人當中，至少有百分之九十七的人**不是**死於城市空襲，而對德國的戰爭也不是靠轟炸獲勝的。不過這只是因為當時的技術還不夠成熟；這麼做的意願肯定是存在的。

「戰略性轟炸」（strategic bombardment）——摧毀敵人的國土——是全面戰爭下自然會採用的武器。它最有影響力的倡導者是名叫朱利奧．杜埃特的義大利將軍，他早在一九一五年就提議建立一支由五百架多引擎飛機組成的獨立義大利轟炸部隊。然而，他最大的影響力是在英國和美國，這些技術導向的國家寧願在戰爭中多花錢而不願浪費人命。二次世界大戰的美軍主力B－17轟炸機，早在一九三五年就進行了飛行測試，而英國皇家空軍的四引擎轟炸機也是在同一年設計完成。

在一九四〇年九月到一九四一年五月間，德國對英國城市發動的閃電戰造成了四萬名平民死亡，但這只是人口的千分之一。（英國原本預期會有比這高出十四倍的傷亡，並曾擬定大型無名塚的計畫。）德國的短程、雙引擎轟炸機原本是為支援戰場而設計的，根本無法勝任大規模戰略性轟炸的任務。

英國轟炸機體型更大、航程更長，但德國強大的防空系統迫使他們只能在夜間轟炸，因此他們很少擊中指定目標（工廠、火車站等等）。一九四二年初，空軍元帥亞瑟·哈里斯（Arthur Harris）接管轟炸機司令部，不再假裝轟炸是針對更精準的目標而非德國平民。這個新政策完全符合杜埃特最初提出的主張。

哈里斯的「大規模轟炸」戰略，首先用在一九四二年四月對科隆的一千架轟炸機空襲行動，在隨後三年總共造成五十九萬三千名德國平民死亡，摧毀三百三十萬戶住家，但它並不真正符合成本效益。在戰爭後期的幾年，英國高達三分之一的人力和工業資源都被用在支援轟炸機司令部，並有五萬五千名英國和加拿大的空軍機組人員喪生。在情況最惡劣的時期（一九四三年三月到一九四四年二月），只有百分之十六的機組人員可以在一輪三十次作戰飛行的輪值任務後生還。[14] 而且他們的努力很少能達成哈里斯所設想的全面戰略效果。

一九四三年七月二十八日，德國北部城市漢堡一個晴朗乾燥的夏日夜晚，英國轟炸機在一個人口稠密的工人階級地區異常密集集中投下的炸彈，創造了一種全新的現象：火風暴（firestorm）。它的覆蓋範圍有四平方英里，其中心的空氣溫度達到攝氏八百度，向內捲入的對流風如颶風般猛烈。一名倖存者把火風暴發出的聲音比喻為「某人同時按下一部教堂老風琴的所有音符」。躲在地下防空洞的人無一倖免；他們不是被燒成灰燼，就是死於一氧化碳中毒。另一方面，那些逃到街上的人，則可能被強風捲入火風暴的中心。

英軍的「蛾摩拉行動」（Opreation Gomorrah）後漢堡被摧毀的住宅和商業建築，1943年

母親用溼床單裹住我，親吻我一下，然後說：「快跑！」我在門口猶豫了：眼前只有一片火海——全是紅色，有如通往熔爐的門。一股強大的熱氣撲面而來。一根燃燒的橫梁掉落在我腳邊。我嚇得往後退，但就在我準備跳過去時，它卻被一隻幽靈般的手捲走。裹著我的床單像風帆一般，我感覺自己就要被暴風帶走了。我走到一棟五層樓建築的前面……這棟建築……在之前的一次空襲中就被轟炸燒毀，裡面沒剩什麼可燃的東西了。此時有人走出來，抱住我，把我拉進了門內。

——陶特．寇赫（Traute Koch），一九四三年時年僅十五歲[15]

兩小時內，漢堡就有兩萬人喪生。如果英國皇家空軍每次都能複製這種戰果，戰爭在六個月內就可以結束，但只有一九四五年才在德勒斯登出現所有適合條件，再度引發一場火風暴。一般轟炸的結果遠比它遜色多了。平均而言，一次由七名機組員組成的英國轟炸機出擊任務，會造成三名德國人死亡，或許其中有一名是工廠工人——而且平均在十四次任務之後，轟炸機的機組人員本身就會喪命，或是如果非常幸運的話，會成為俘虜。此外，由於任何一個城市在遭受空襲之間，通常都有足夠的時間修復部分損害，德國的戰時生產實際上直到一九四四年底仍持續成長。戰略性轟炸的理論是合理的，但實際操作起來卻像是非常昂貴的空中壕溝戰。

德國的戰時生產實際上也受到至少同等的美軍轟炸機重創，這些轟炸機在日間飛行，以特定工業設施為目標，儘管美軍第八航空隊也遭受慘重的傷亡。但在對日本的戰爭中，美國空軍使用了大型的B－29轟炸機，採取比較「英國式的」（夜間）戰術，而且日本的防空能力薄弱，因此美軍傷亡較低，也較能頻繁製造火風暴。德勒斯登轟炸之後不久，在一九四五年三月九日，柯蒂斯．李梅將軍（Gen. Curtis E. LeMay）下令使用燃燒彈對東京展開第一次大規模的低空夜間空襲。「遭受攻擊的區域……長四英里、寬三英里……每平方英里有十萬零三千名居民……二十六萬七千一百七十一棟建築被摧毀──約占東京總數的四分之一……並造成一百萬零八千人無家可歸。在一些較小的運河中，水甚至在沸騰。」[16]

到一九四五年，對日本的戰略性轟炸實際上產生了早已預測的結果：「〔美國〕第二十航空隊正在摧毀城市……讓日本付出高於我們五十倍的代價。」美國陸軍航空部隊總司令「哈普」．阿諾德將軍（Gen. "Hap" Arnold）如此說道。[17] 但這仍不足以迫使日本投降。如果不是一種近乎魔法的美國武器打破了全面戰爭對日本政府所施加的魔咒，那麼一場對日本本土的全面入侵將仍屬必要，而這將付出數百萬條生命的代價。

原子彈──世界的毀滅者

我看到一座輪廓完美的城市逐漸映入眼簾，每個細節都清晰無比。這座城市直徑大約四英里：這時我們已經到達三萬兩千英尺的投彈高度。導航員靠上前來，從我肩上探頭望著說：「沒錯，那就是廣島，毫無疑問。」我們已經完全對準目標，以致投彈手說：「我什麼都不用做，沒什麼好調整的了。」他說：「它就在那裡。」

——保羅・蒂貝茨上校（Col. Paul Tibbetts），「艾諾拉・蓋伊」號（Enola Gay）飛行員

製造美國原子彈的「曼哈頓計畫」，是難民科學家提出警告說德國已經在研製原子彈之後，於一九四二年六月開始推動的。事實上，德國並沒有這麼做，但英國必定曾經考慮過（他們和加拿大在一九四二年之後都參與了曼哈頓計畫），而到一九四四年，俄國和日本也都有了初步的核武計畫。[18]而且，雖然德國從沒有走上這條路，它也正在研發巡弋飛彈（一九四四年對英國發射的一萬零五百枚的V－1「飛行炸彈」）和長程彈道飛彈（對倫敦發射的一千一百一十五枚V－2飛彈）的前身，它們是現今投放核子武器的主要方式。由於害怕敵人會搶先一步，世界各地大多數的相關科學家都壓抑了內心的疑慮，同意進行這些計畫。

儘管如此，當曼哈頓計畫的科學家們在一九四五年七月移師新墨西哥州沙漠，進行第一枚原子彈試爆時，有些人又開始猶豫不決。德國已經戰敗，也沒有人認為日本已接近有

能力製造自己的原子彈。但改變主意已經太遲了。在七月十六日上午五點五十分，試爆完美成功，他們看見了自己的成果。儘管一切都經過計算，結果仍令他們驚愕不已。

> 我們知道世界從此不一樣了。有些人笑了。有些人哭了。大部分人沉默無語。我想起印度教經典《薄伽梵歌》的一段話。毗溼奴試圖說服王子，說他應該履行他的責任，為了打動他，毗溼奴現出千手化身，說道：「我現在已成為死神，世界的毀滅者。」我想我們所有人或多或少都有這種感覺。
>
> ——羅伯特．歐本海默（Robert Oppenheimer），
> 洛斯阿拉莫斯（Los Alamos）科學團隊領導人

當時，軍方真的只是把原子彈當成是更有成本效益的方法，用來執行一項已是戰略核心的任務：摧毀城市。它的總成本是二十億美元，遠比轟炸司令部或第八航空隊便宜許多，而且更為可靠。一九四五年八月六日，蒂貝茨上校的機組員在廣島投下了這枚武器，由一架飛機攜帶一枚炸彈，不到五分鐘就殺死了七萬人。事後他說：「我看不到底下有任何城市，但我看到的是一片巨大的區域，覆蓋著——我只能這麼形容——一大團翻騰的黑色物質。」

彷彿太陽墜落並爆炸了。黃色的火球四處濺落。〔之後，在河岸上〕有太多受傷的人，幾乎沒有行走的空間。這裡距離炸彈落下的地方只有一英里。人們的衣服被炸飛，身體被熱射線灼傷。他們看起來像是身上掛著破布條。他們身上有已經破裂的水泡，皮膚如破布般掛在身上。我看到有人的腸子露出體外。有些人失去了眼睛。有些人的背部被撕裂，你可以看到裡面的脊椎。每個人都在要水喝。

——大內太太（Mrs. Ochi）

廣島上空的火風暴雲，1945年8月6日接近當地中午時間

如果我再次面臨類似的情況，我們的國家捲入戰爭，危及它的未來，情況跟當時一樣，我想我會毫不猶豫地再做一次。

——蒂貝茨上校

巨大的問題

儘管蒂貝茨上校這麼說，大國之間的戰爭顯然已走到盡頭。小國和非國家團體仍可能透過組織性的暴力來達成他們的某些政治目標，但如果大國改不掉打仗的習慣，戰爭將會徹底摧毀它們。

或許有兩個小小的安慰：首先，他們過去從來不曾這麼長時間成功避免彼此開戰。其次，由於這兩次世界大戰，世界各地大多數的人已不再把戰爭視為光榮的事，反而開始將它視為一個巨大的問題。

第8章

核子戰爭簡史

西元一九四五年至一九九〇年

核威懾理論

> 我不是說我們連頭髮都不會弄亂，總統先生。但我認為死亡人數不會超過一千萬或兩千萬，視具體情況而定。
>
> ——「巴克」．圖吉森將軍（General "Buck" Turgidson）（喬治．史考特〔George C. Scott〕飾），史丹利．庫柏力克（Stanley Kubrick）執導的一九六三年電影《奇愛博士》（*Dr. Strangelove; or, How I Learned to Stop Worrying and Love the Bomb*）

庫柏力克是想用圖吉森將軍的角色來諷刺李梅將軍，這位美國空軍戰略空軍司令部（Strategic Air Command，簡稱ＳＡＣ）的長期指揮官確實想發動一場核武戰爭。「李梅相信我們終究要用核武來對抗這些人，老天，我們最好趁現在擁有比未來更大優勢的時候行動。」前美國國防部長羅伯特．麥納瑪拉（Robert S. McNamara）在二〇〇三年的紀錄片《戰爭迷霧》（*Fog of War*）中如此說道。對李梅而言，核子武器並沒有帶來任何根本的改變：他認為美國對蘇聯在核子武器數量上十七比一的「優勢」（在一九六〇年代初期），是一項有用的戰略資產。他是「文化失調」（cultural lag）[33]的受害者。

冷戰最危險的時期，就是在初期像李梅這樣的人仍掌握權位的時候。理解威懾的基本概念的人逐漸接替他們之後，世界就變得稍微安全了一些——但它仍是極為危險的地方。

核子武器在過去七十五年來一直主導著大國的戰略思維，但我們對於在戰爭中大量使用它們的實際效果，幾乎是一無所知。一九四五年，有兩個相對小的核彈被投放到日本的城市，此後再也沒有人在戰爭中使用過。這意味著戰略家在討論核武時，就像是處男處女在討論性經驗：他們有核戰的理論甚至準則，但他們不**知道**它會如何運作，只知道結果會非常糟糕。他們同樣不能確定它的心理效應、電磁效應，以及氣候效應。但我們一切有用的證據，都是來自美國和蘇聯之間

33 譯註：由美國社會學家威廉．奧格本（William Ogburn）所提出，意指物質文化（material culture）與非物質文化（non-material culture）之間的差異。當技術的創新被引入社會，文化或社會行為需要時間來調整以趕上新的觀念。這裡的例子是美軍在冷戰前期的核戰思維，明顯落後於核戰技術的發展。

《奇愛博士》電影中圖吉森將軍向總統報告的一幕

長達四十五年（一九四五年至一九九〇年）的對抗，也就是所謂的「冷戰」。

作者……此刻並不關心下一場使用原子彈的戰爭中誰會獲勝。到目前為止，我們編制軍隊的主要目的都是贏得戰爭。從現在起，它的主要目的必須是避免戰爭。此外幾乎沒有其他有用的目的。

——美國軍事戰略家伯納德．布洛迪（Bernard Brodie），一九四六年[1]

當第一枚原子彈落在廣島時，布洛迪才剛加入耶魯大學的國際研究學院。美國學術界人士多數都在幻想著建立一個「世界政府」（world government）來防止核戰，但布洛迪和一小群知道這不可能實現的同事們，已著手研究在一個由頑固獨立、擁有核武的民族國家構成的世界中生存的法則。在一九四五年九月和十一月的兩次會議和無數次的私下討論中，他們建立了核威懾的理論——完整、明確，且無可爭辯。

「關於原子彈的一切，都被一個事實所掩蓋：它確實存在，而且毀滅的力量超乎想像地強大。」布洛迪寫道。原子武器無法有效防禦，因為所有空中作戰的防禦手段都是透過消耗來進行，只要有少數核子武器突破防禦，其破壞都將是完全無法接受的。在一九四四年，英國防禦德國瞄準倫敦的V－1巡弋飛彈的行動，單日最佳表現是擊落一百零一枚飛彈中的九十七枚。不過他說，如果這四枚例外的飛彈是原子彈，「倫敦的倖存者不會認為這樣的紀錄是好的。」

此外，任何國家值得使用核武攻擊的目標都很有限，大部分是城市，而摧毀這些目標實際上就等於摧毀整個社會。因此，超過某個程度之後，各方陣營擁有的核武相對數量就不再重要：「如果任何一方擁有兩千枚核彈就足以完全摧毀對方的經濟，那麼一方擁有六千枚、另一方擁有兩千枚核彈的事實，其重要性就相對較小了。」[2]

因此，唯一理性的軍事政策就是威懾。事實上，用核武攻擊擁有核武的敵人是毫無道理的，因為雙方「必然害怕報復，〔而且〕在自己的城市被摧毀前數小時甚至幾天就先摧毀對方的城市，可能也沒什麼幫助……。」

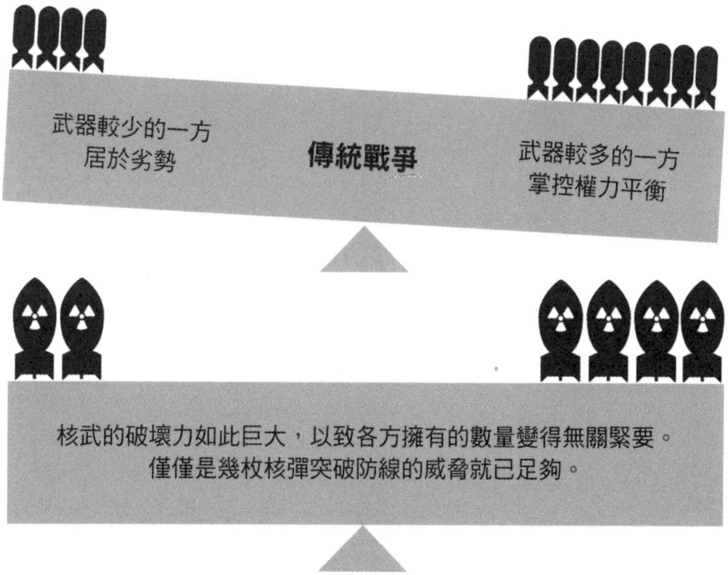
武器較少的一方
居於劣勢
傳統戰爭
武器較多的一方
掌控權力平衡
核武的破壞力如此巨大，以致各方擁有的數量變得無關緊要。
僅僅是幾枚核彈突破防線的威脅就已足夠。

和平時期軍事準備的主要目標，應該是透過分散、隱藏和（或）深埋核武，來確保一國的核武系統在遭受核攻擊時不致被摧毀。對抗核武攻擊唯一的安全保障，是確保擁有使用核武進行報復的能力。[3]

沒什麼重點可以補充了。到一九四六年二月，布洛迪和他的同事們已定義出在一個擁有核武的世界裡維持和平的條件，直到有朝一日，孕育戰爭的國際體系能夠出現某種改變。但當時的大國中，卻沒有人理會這一小群敢於對軍事事務提出政策建議的年輕平民。

不能打的戰爭

公平地說，美國在一九四六年時確實沒有必要採納布洛迪的建議。當時仍是傳統部隊的世界，只有美國一個核武大國，所以威懾是單向的。事實上，美國政府和它歐洲的盟國，是把美國的核武獨占地位視為解決西方國家軍事安全問題的廉價方案。隨著美國和蘇聯從戰時盟友變成戰後死對頭，俄國人在歐洲增強他們的傳統部隊，美國則是製造越來越多原子彈。當俄國人在一九四九年試爆自己的原子彈後，美國更加倍製造並發展威力更強大的氫彈（熱核武器）。整個一九五〇年代，美國的核武數量至少以十比一的比例領先蘇聯，並且公開反覆地聲明，如果蘇聯做出任何不可接受的行為，美國將率先動用核武，直接攻擊蘇聯的城市。

> 基本上，美國的核武政策，從一開始就是一項明確宣示用核子武器作戰的政策。
>
> ——麥納瑪拉，一九六一至一九六八年的美國國防部長[4]

美國國務卿約翰·福斯特·杜勒斯（John Foster Dulles）在一九五四年一月的一場演說中，正式將這項政策確立為「大規模報復」（massive retaliation）準則，宣布美國將「主要依賴強大的報復能力，能夠立即以我們自己選擇的方式和地點進行反擊」。也就是說，美國會在蘇聯本土大量使用核子武器進行報復，以對付蘇聯在世界任何地方威脅到美國利益的軍事行動，即便是非核武的行動。

這正好跟布洛迪及其同事主張的「最低威懾」

大規模報復
用立即壓倒性的核武
對付核武或非核武的
攻擊或威脅

最低威懾
擁有不超過威懾
核武攻擊所需的核武；
「不率先使用」
的政策

（minimum deterrence）政策完全相反，他們其中很多人當時已經在加州聖塔莫尼卡的蘭德公司（RAND，全名為Research and Development Corporation）擔任民間的國防分析師，該公司是由美國空軍創立並資助的智庫。他們深信，一旦蘇聯有能力對美國城市投放相當少量的熱核武器，美國擁有更多同樣的武器也無濟於事，而在一九五七年，他們擔心蘇聯正在接近這個目標。因此他們說服他們的長官向當時仍掌管戰略空軍司令部的李梅將軍提出警告，不斷擴增的蘇聯轟炸機軍隊，可能對地面上的戰略空軍司令部發動「珍珠港式」的攻擊。

李梅一點也不擔心。他只是簡單地回答，美國的偵察機正在蘇聯領土執行全天候的秘密任務。

> 如果我看到俄國人集結飛機要進行攻擊，在他們起飛前我就會把他們打得屁滾尿流。我才不管（這是不是美國的政策）。這是我的政策。我就打算這麼做。
>
> ——李梅將軍[5]

毫無疑問，李梅一定會徹底執行任務——他也毫無疑問會同時摧毀大部分蘇聯城市來完成任務，因為這種事鐵定會留下深仇大恨，而且沒有人希望俄國人日後回來報復。不清楚的是，萬一事後證明，他的情報人員誤解了蘇聯的行動，他們根本沒有計劃發動攻擊，或是整個世界後來變得黑暗又冰冷，李梅會不會道歉？

不過，隨著一九五〇年代步入尾聲，華盛頓的民選政府對這個美國戰略可能的影響越來越焦慮。如艾森豪總統（Dwight Eisenhower）在一九五七年說的：「你不能打這種戰爭。我們根本沒有足夠的推土機來清理街上的屍體。」[6]一年之後，國務卿杜勒斯前往五角大廈，正式告知參謀長聯席會議，他將放棄大規模報復的政策。[7]

然而，艾森豪政府同樣也拒絕了任何關於應該增強美國傳統部隊、以進行無法再用大規模報復來威懾的戰爭的建議。艾森豪對戰略空軍司令部公然操控情報報告的行徑置之不理——這些報告先是預測一九五五年至一九五七年間將出現對蘇聯有利的「轟炸機差距」，接著又在一九五七年至一九六〇年間預測同樣虛構的「導彈差距」。職業軍人出身、了解軍方運作方式的艾森豪知道，李梅只是想勒索他給戰略空軍司令部更多轟炸機和飛彈。他認為不可能有大戰迫在眼前，因此拒絕展開任何緊急計畫，來進一步擴充就任何實際目的而言都已足以令蘇聯恐懼的軍備。畢竟，到一九六〇年，美國已擁有六千到七千枚的熱核彈，每一枚的威力都是廣島級原子彈的數十倍。[8]

核武擴散時期

沒有原子彈的國家，無法真正自認是獨立國家。

——法國總統戴高樂（Charles de Gaulle），一九六八年[9]

在戰時那場狂熱的發展原子彈競賽中，為了搶先德國（他們擔心德國搶先一步），英國和加拿大曾自願將他們可觀的科學人才、技術和鈾礦等資源，投入以美國為基地的曼哈頓計畫，但是對於如何共享從這個計畫所產生的實際核子武器，從未進行任何協議。美國政府自然無意與人分享——這在其他兩個國家產生截然不同的反應。儘管在戰爭中扮演了重要的角色，但加拿大沒有野心扮演全球軍事的重要角色，因此它幾乎是沒有爭議地認定核武與其安全無關。英國看著駐紮在德國中部的蘇聯軍隊，離自己不到四百英里，則做出結論：它迫切需要擁有自己的核武，以防止情勢惡化。

法國也得出一模一樣的結論，並啟動了自己的核武計畫。當中共政權在一九五〇年代末期與莫斯科交惡之後，它也同樣立刻啟動了核武計畫，目的是威懾蘇聯的核武攻擊——而這些無一例外都是「最低威懾」的武力。這些國家都無法像美國一樣，有能力在蘇聯的每一個地下飛彈發射室和小城鎮都投放一枚核武，但他們也不認為有這個必要。

法國人形容他們能「扯斷蘇聯這頭熊的一隻手臂」。英國則為他們的核武力量制定了一套明確的「莫斯科標準」：他們推測，只要英國有能力摧毀莫斯科，俄國人或許就不會用核武攻擊英國的目標。但這兩個國家也私下把他們的核武視為確保美國在面對蘇聯對歐洲發動傳統攻擊時不致膽怯退縮的保證。儘管美國一再承諾會進行「大規模報復」，但仍難保到時它不會決定讓西歐淪陷，而非發動一場也會讓美國城市遭到焚毀的核武戰爭。英國和法國獨立的核武力量可以保證這種事情不會發生。為了確保他們的導彈不會在第一次突襲中就被消滅，這兩個國家也都效法美國，把一部分的導彈送往海上的潛艇。

在一九八〇年代，英國和法國都開始擴張核武力量，使他們各自都有能力摧毀近一千個目標。中國雖然在核武數量上表現得較為克制，但仍根據最低威懾政策的要求，盡快將一些核導彈部署到海上的潛艇中。可能是在一九六〇年代中期建造第一批核子武器的以色列，則是很晚才把核武送入潛艇，因為它沒有理由害怕會在阿拉伯國家的突襲中失去這些武器。不管當時或現在，都沒有任何阿拉伯國家擁有核武，因此以色列可以自由採取一種未宣告的「大規模報復」策略：所有阿拉伯國家都知道，以色列在一場傳統戰爭中的軍事失敗，就可能促使它動用核武。有些傳聞的證據強烈暗示，以色列在一九七三年與埃及和敘利亞開戰的最初幾天驚慌時期，曾積極準備動用核武。

一九六八年核不擴散條約（Nuclear Non-Proliferation Treaty）簽署，其中五個宣告擁有核武的大國同意不將他們的武器移轉給其他國家，其他超過一百個國家則同意不自行發展核武，為這段擁有核武的國家從一個跳增至六個的二十年時期畫下了句點。以色列對此保持沉默，過了三十年之後，才有另一個國家公開擁有核武。

有限核戰的謬論

> 我認為他們是最危險、墮落、本質上如怪物般的人。他們真的製造了一部末日機器。
>
> ——丹尼爾．艾斯伯格（Daniel Ellsberg），一九六一年

當甘迺迪政府在一九六一年上台（很大程度上得益於選戰中操作的「導彈差距」迷思）時，把一整批來自蘭德公司的分析師帶入了國防部。其中一人是艾斯伯格，有人給他看了第一份「單一整合作戰計畫」（Single Integrated Operational Plan，簡稱SIOP），計畫中分配了美國各軍種的核武攻擊目標。他大感震驚：戰略空軍司令部的唯一作戰計畫是同時間發射所有美國的核子武器，攻擊蘇聯、中國的每一個城市和重要軍事目標，以及東歐國家大多數的城市和重要軍事目標。不會保留任何武器進行第二次攻擊，也沒有辦法把中國和蘇聯占領的東歐「衛星」國家排除在外，即使他們並未參與衝突——攻擊的死亡人數將在三億六千萬人到四億

兩千五百萬人之間，超過當時世界人口的十分之一。由於美軍各軍種都想用自己的核武攻打莫斯科，這座蘇聯首都將遭受一百七十枚不同的原子彈和氫彈攻擊。[10]

甘迺迪的國防部長麥納瑪拉也聽取了相同的簡報，也同樣感到震驚，但戰略空軍司令部已經預見這種反應，於是想出了一個比較不冒犯平民敏感神經的新點子。在美國空軍的新劇本中，美國無法用傳統部隊阻擋蘇聯對西歐的攻擊，於是用核武攻擊蘇聯的轟炸機機場、飛彈陣地和潛艇基地，但避免攻擊蘇聯城市，並預留部分後備武力。蘇聯發動反擊，也避免攻擊美國城

《臥倒和掩護》（*Duck and Cover*）影片上映宣傳海報，由安東尼．瑞佐（Anthony Rizzo）執導，1952年

市。由於美國先發制人，於是在這場「反擊武力」（counterforce）的交鋒中取得勝利，之後就要求蘇聯投降，否則將逐一摧毀他們的城市。莫斯科投降了，而戰爭的總代價「只有」損失三百萬美國人和五百萬蘇聯人的生命。

麥納瑪拉被這套「反擊武力」戰略所吸引，它聽起來比既有的SIOP瘋狂程度降低許多，於是指示戰略空軍司令部如擬進行，並制定一套在熱核戰爭事件中「允許可控反應和談判暫停」的作戰準則。到該年年底，修訂後的美國戰略計畫SIOP-63准許指揮官在短時間內重新設定美國導彈的攻擊目標，並可單發或少量開火（而非最少一批五十發）。理論上，美國總算有可能打一個「有限的」、不攻擊城市的核戰——**只要俄國人同意的話**。[11] 麥納瑪拉並不是真的信任這個戰略——他私底下跟甘迺迪總統和詹森總統都建議，無論在任何情況下都不應率先使用核武——但在官方立場上，新版SIOP仍假定，就算是核子武器開始在自己的國土上爆炸，克制和理性依舊能主導決策。隨後的事件很快就證明這種假設離現實有多遙遠。

古巴飛彈危機

一九六一年後期，蘇聯領導人尼基塔・赫魯雪夫（Nikita Khrushchev）了解到，美國新的偵察衛星已揭穿他聲稱蘇聯擁有大批洲際彈道飛彈武力的說法純屬虛張聲勢。感到尷尬又脆弱的他在一九六二年冒險一試，在他的新盟友古巴的領土上秘密部署了短程飛彈，目的是把美國城市納入蘇聯大量飛彈武力的攻擊範圍，從而縮小雙方的戰略差距。

美國發現了飛彈，於是古巴飛彈危機爆發。美國宣布對古巴實施封鎖，並開始準備入侵，如果赫魯雪夫不撤走他的飛彈的話。面對一場真正的危機時，沒有人會關注「反擊武力」或有限核武戰爭的想法。

雖然蘇聯的實力弱很多，但

興建中的核彈頭掩體，古巴聖克里斯托巴爾（San Cristobal），1962年10月23日

不管美國做了什麼，至少還是會有一些赫魯雪夫的轟炸機和飛彈突破防線，摧毀美國的城市。相反地，所有人都迅速回到布洛迪最初相對理性的威懾公式。在十月二十二日，甘迺迪宣布，「任何從古巴發射到任何西半球國家的飛彈」，美國都會視為「蘇聯對美國的攻擊，而**必須對蘇聯進行全面性的報復回應**〔強調部分是作者所加〕。」[12]

不過甘迺迪總統相信他們還有一點時間，因為美國情報來源告訴他，蘇聯在古巴的飛彈仍然缺少核彈頭。因此甘迺迪把重點擺在攔截可能運送核彈頭到古巴的蘇聯船隻，一邊繼續推動萬一莫斯科不肯讓步時入侵古巴的計畫。經歷驚恐萬分的十三天之後，莫斯科真的讓步了。赫魯雪夫致信甘迺迪，提議把蘇聯飛彈撤出古巴，換取美國不入侵古巴，以及在幾個月後從土耳其撤出類似的美國飛彈的承諾。

當時美方沒有人知道他們已經多麼接近一場核武戰爭。如果赫魯雪夫沒有送出妥協的提議，美國入侵古巴的計畫可能就會付諸實行，但美國華府的所有人都以為，在真正動用核武之前，至少還會經過幾個斡旋折衝的步驟。三十年後，麥納瑪拉才發現華府的所有人都大錯特錯。

> 一直到一九九二年一月，在一場由菲德爾・卡斯楚（Fidel Castro）在古巴哈瓦那主持的會議裡，我才得知在這場危機的關鍵時刻，古巴這座島上有一百六十二枚核彈頭，

> 包括九十枚戰術核彈頭。我不敢相信自己聽到的，於是……我說：「……（卡斯楚）總統先生，我想問你三個問題。第一，你知道核彈頭已經在那裡了嗎？第二，如果你知道，在面臨美國發動攻擊時，你會建議赫魯雪夫動用它們嗎？第三，如果他用了，古巴會發生什麼事？
>
> 他說：「第一，我知道它們在那裡。第二……我**確實**有建議赫魯雪夫使用它們。第三，古巴會怎樣？會被徹底毀滅。」
>
> 我們距離核戰就是這麼近……而他接著說：「麥納瑪拉先生，如果你和甘迺迪總統也處於類似情況，你們也會這麼做的。」我說：「總統先生，我希望上帝保佑我們不會那樣做，選擇玉石俱焚、同歸於盡嗎？我的天！」
>
> ——麥納瑪拉，取自《戰爭迷霧》[13]

威脅要玉石俱焚，大家一起同歸於盡，正是核武威懾的本質所在，但從這些事件中，我們也得到一定程度的安慰。古巴危機證明，在核武對峙中誤判的懲罰如此巨大，因此政治人物在行動上會變得極度謹慎和保守；人們**確實**能分辨模擬和現實的差異。

另一方面，它也證明，情報永遠不會是完美的，而看似理性的決定實際上可能是致命的。如果美國為了在飛彈可以運作之前（如他們以為的）先去加以處理而入侵古巴，其陸戰隊員將在海灘上被當地蘇聯指揮官下令發射的戰術核彈所殲滅，這些指揮官已預先獲得授權，可不經請示莫斯科就採取行動，第三次世界大戰也將就此開打。甘迺迪總統後來估計，古巴危機最後以核武戰爭收場的機率是三分之一。[14]

古巴飛彈危機應該徹底終結了美國戰略圈中有限核戰的想法：在身陷真正的危機時，沒有人會認真考慮用幾次選擇性的核武打擊來「展示決心」。然而，接下來二十年的美國核武戰爭政策，基本上仍由持續分歧的兩派所主導，一派是希望讓核武可以在有限戰爭中使用的信徒，另一派則是最終已失去這種信念的人。

是工程師、還是軍人？

到了一九八〇年代初，美國核武作戰的準則

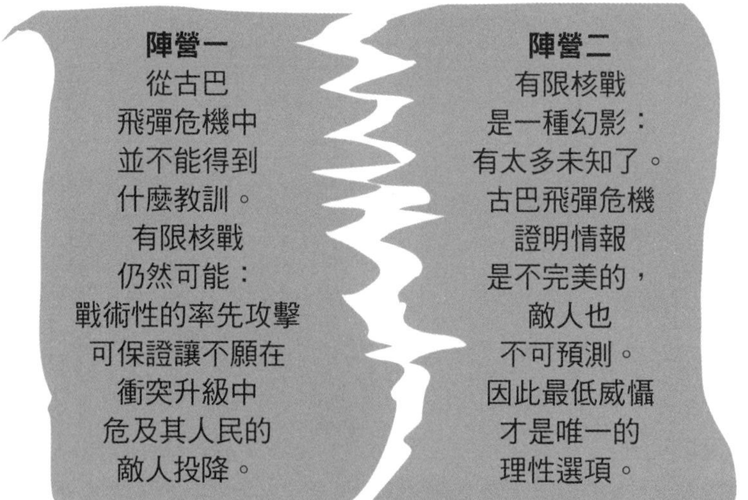
陣營一
從古巴飛彈危機中並不能得到什麼教訓。有限核戰仍然可能：戰術性的率先攻擊可保證讓不願在衝突升級中危及其人民的敵人投降。
陣營二
有限核戰是一種幻影：有太多未知了。古巴飛彈危機證明情報是不完美的，敵人也不可預測。因此最低威懾才是唯一的理性選項。

已經變成一套非常繁複且自我參照的複雜結構，以致與現實世界只有遙遠的關係。它幾乎跟飛彈小組成員一樣脫離現實，他們長時間坐在加固混凝土建造的地下指揮碉堡中值勤。

問：如果你真的得執行任務，你會有什麼感覺？

答：嗯，我們在每個月的反覆訓練中已培養出高度的熟練度……所以如果真的要發射飛彈，那幾乎會是一件自動反應的事。

問：到時候你不會思考一下嗎？

答：不會有時間做任何慎重的思考，直到我們轉動鑰匙之後……

問：你覺得到那時你會慎重思考嗎？

答：我想會的。是的。

——與「義勇兵」(Minuteman) 洲際彈道飛彈小組指揮官的談話，懷特曼空軍基地（Whiteman Air Force Base），一九八二年

至少到一九四五年，轟炸機組員還可以看到在他們下方燃燒的城市（雖然看不到人），但義勇兵導彈發射人員絕不會看到他在六千英里外的目標。上面引述其談話的那位年輕人，他的衣服口袋上有寫著「戰鬥小組」的名條，如果發生一場核彈頭彈道飛彈的「交火」，他

也可能被殺死，但他並不是一名戰士。他實際上的工作，與在核電廠執勤的工程師非常相似，他還在漫長的值班時間裡研讀一門ＭＢＡ函授課程。這和一般的步兵大相逕庭——但話說回來，從任何可辨識的意義上來說，核戰都不算是真正的軍事行動。

義勇兵小組成員正在接受「人員可靠性」測驗

星戰計畫

到了一九八〇年代初，五個核武大國已經累積總數超過兩千五百枚陸基彈道飛彈、遠超過一千枚的潛艦發射彈道飛彈，以及數千架能夠搭載核彈的飛機，再加上由陸、海、空發射的巡弋飛彈和各式「戰場型」核武器。世界上有超過五萬枚核彈頭——接著，美國的雷根總統提出了「戰略防禦倡議」（Strategic Defense Initiative），即「星戰計畫」（Star Wars）。

星戰計畫的倡導者從未相信它能完全保護美國不受核武攻擊，因為布洛迪在一九四六年的觀察依然正確：所有的空中（與太空）防禦都是根據消耗原則運作的，這意味著總會有部分的攻擊武器突破防線。如果它們是核武，即使只是極小一部分也是太多。不過，如果蘇聯已在美國大半成功的首波攻擊中遭受重創，那麼美國的太空防禦系統**或許**最終會有能力應付其零星的報復性攻擊。

雷根總統本人從未明白那些向他推銷星戰概念的人的真正目的。其目的並非全面保護國家免受核攻擊，而是為飛彈發射場和其他戰略設施提供部分防禦，讓美國有朝一日能藉以試圖發動並贏得一場有限的核戰。這是他們已經玩了二十年的老把戲，但他們利用了雷根對核武的真心厭惡，雷根也上了當，因為他渴望找到一種擺脫核戰威脅的神奇方法。俄國的領導階層非常清楚雷根的國防部長卡斯帕・溫伯格（Caspar Weinberger）和他身邊的冷戰戰士在打什麼主意，對此也深感不滿。

> 表面上看來，外行人可能會覺得這很有吸引力，因為〔雷根總統〕所說的似乎是防禦性的措施……。事實上，美國的戰略攻擊力量將持續全力發展和升級，〔目標是〕取得率先進行核子打擊的能力……。〔這是〕企圖解除蘇聯的武裝。
>
> ——蘇聯領導人尤里・安德洛波夫（Yuri Andropov），一九八三年[15]

「戰略防禦倡議」的標誌

邪惡帝國的結束

冷戰從未真正轉為熱戰。

一九八二年，長期統治的獨裁者列昂尼德·布里茲涅夫（Leonid Brezhnev）過世後，蘇聯開始出現充滿希望的變化，到了一九八五年，一位名叫米哈伊爾·戈巴契夫（Mikhail Gorbachev）的激進改革者上台執政。雷根希望結束核戰威脅的渴望也同樣真誠，他在一九八六年的雷克雅未克高峰會上，提議兩國廢除他們所有的彈道飛彈，讓他的顧問們震驚不已。他主張，僅以速度相對緩慢的轟炸機和巡弋飛彈來做為核威懾的基礎，將使世界變得更安全。

1985年11月，雷根和戈巴契夫在日內瓦首次見面

這個特別的提案被兩邊的顧問們否決，不過在一九八七年戈巴契夫第一次訪問美國時，兩人簽署了《中程核武條約》（Intermediate Nuclear Forces treaty），結束了歐洲引入新一代核彈所引發的恐慌。到了一九八八年六月雷根訪問莫斯科時，他宣稱冷戰「當然」已經結束，而他的「邪惡帝國」說法是「另一個時代」的事了。即使在隔年柏林圍牆倒塌前，美國和蘇聯也已不再是戰略上的對手。

於是，兩個核武大國第一次的長期軍事對峙和平收場了，但它並未對未來提供任何保證。這四十年來的和平可能純屬好運，因為期間曾數次瀕臨實際動用核武的邊緣，而新科技也不斷為這個體系帶來新的不穩定因素。

此外，大家也都是到最後關頭才發現，如果動用全部那些武器會發生什麼後果。

核冬天

> 我們以緩慢且難以察覺的步伐，逐步建造了一部末日機器。直到最近，且是在純屬偶然的情況下，才有人注意到。而且我們已經把它的引爆裝置分散在整個北半球各地了。
>
> ——美國天文學家卡爾・薩根（Carl Sagan）16

一九七一年，一小群科學家聚在一起分析探測衛星水手九號（Mariner 9）對火星所做的觀測，他們發現整個星球都被一場持續三個月的巨大沙塵暴所覆蓋。由於沒別的事可做，為了打發時間，他們開始計算如此長期持續的沙塵雲會如何改變火星地表的條件。答案是：它會大幅降低地面的溫度。

沙塵暴持續肆虐，所以他們接著查看了氣象紀錄，看看地球的火山爆發（會把相對少量的沙塵推升到高層大氣層）是否會造成類似的效應。他們發現，每一次大型火山噴發後，全球平均氣溫都會微幅降低，持續一年或更久。

看起來有點意思——而且火星表面依然被遮蔽著——所以他們繼續檢視小行星偏離軌道撞擊地球並將大量沙塵噴入大氣層的結果。這在漫長的過去曾經發生過無數次，有證據顯示，至少其中一次撞擊曾造成短暫但巨大的氣候變化，導致生物大量滅絕。

隨後，火星的沙塵暴結束了，他們分析了水手九號的數據，就回到了各自的工作崗位。但他們仍保持聯繫（他們以自己姓氏的第一個字母，自稱為TTAPS小組），並持續研究他們偶然發現的新問題。十二年後，他們在一九八三年發表了研究結果。

TTAPS小組的結論是，一場大規模的核戰將使至少北半球、也可能是整個地球，都籠罩在一層濃厚的煙塵下，讓地表陷入幾近黑暗長達六個月。在大陸內陸地區，也會有差不多同樣的時間，地表溫度會降低攝氏四十度（即任何季節都會在冰點以下）。當足夠的沙塵和煙灰微粒從平流層飄落，讓陽光重新照射地面時，由於熱核火球摧毀了臭氧層，會使兩到三倍的紫外線到達地表，導致暴露在外的人失明或遭受致命性曬傷。[17]

大家都已知道，一次大規模的核子戰爭，會立即造成北約組織和華沙公約組織國家數億人口死亡，並摧毀世界上大部分的工業與藝術、科學和建築遺產。輻射落塵與北半球農業的崩潰，會在戰後又導致數億人因饑荒和疾病而死。不過，「核冬天」(nuclear winter)的前景更為嚴峻。

如今我們知道，一次大規模核戰之後，全球會陷入嚴寒和黑暗長達半年，讓那些已經因高劑量輻射而變得衰弱的動植物物種滅絕——而當陰霾終於散去時，紫外線輻射、飢餓和疾病又將導致更多物種滅絕。在一九八三年四月，一場有四十位知名生物學家參與的研討會做出了以下結論：

> 物種滅絕可能會發生在大部分熱帶動植物、北半球溫帶地區大部分陸生脊椎動物、大量的植物，以及無數淡水和部分海洋生物身上……。很明顯地，光是大規模熱核戰爭對生態系統產生的效應，就足以摧毀至少北半球的現有文明。再加上直接導致的可能高達二十億人的死亡，核子戰爭的中期和長期綜合效應顯示，北半球最終將可能沒有人類倖存……。

在幾乎任何涉及超級大國之間核武交火的現實情境中，全球環境的改變都足以引起一次物種滅絕事件，其嚴重程度相當於或超過白堊紀末期恐龍和許多其他物種滅絕時的情況。在這樣的事件中，無法排除智人滅絕的可能性。

——保羅．埃利希（Paul R. Ehrlich）和其他人，〈核戰的長期生物後果〉，《科學》雜誌（*Science*）二二二期[18]

需要多少核武才能造成這些效應？這要看你打的是什麼樣的戰爭。如果是理論家們鍾愛的那種「有限的」核戰，雙方只攻打彼此的機場、地下飛彈發射室等，但避開城市，那就需要很多核武。那會需要兩到三千枚高當量（yield）[34]、在地面爆炸的核彈，才能製造出一場核冬天。不過在一九八〇年代中，美國和蘇聯的核武器總儲備大約是一萬三千百萬噸（megaton）[35]，要打這種戰爭已經非常足夠。

如果是會攻擊城市的戰爭，門檻就降低許多，因為燃燒的城市釋放的數百萬噸煙灰將是非常強大的遮蔽物。即使只有一百枚一百萬噸炸彈在一百座城市上空引爆，都可能太多。[19]即使是印度和巴基斯坦也已接近這個門檻，而且想像城市會真的在核戰中倖免於難是不切實際的：有太多重要的領導人、指揮控制中心和工業目標都位於城市中。城市必遭攻擊，也必定會燃燒。

在一九八〇年代後期，科學界做了大量關於「核冬天」的研究，儘管官方努力試圖破壞其可信度，這個假說依舊站得住腳。在一九九〇年，TTAPS小組在《科學》雜誌[20]中總結了這項研究，報告指出：「核冬天的基本物理原理，已透過多項權威性的國際技術評估和無數的個別科學調查，再次獲得確認。」自一九九〇年之後，就沒有太多對核冬天的進一步研究，因為蘇聯解體之後，大家對核戰主題突然喪失了興趣。彷彿核子武器本身已經被廢除了，但實際上並沒有。

一切都變了，除了我們的思考方式

至今已經有四分之三個世紀沒有任何一個大國直接與另一個大國作戰，這是從十七世紀中葉現代國家體系出現以來，最長的一段和平時期。但是沒有任何大國曾經聲明放棄把戰爭做為政策工具，而且在我們這個科技時代，大國之間的戰爭或許就意味著核戰。在未來的數十年或數百年中，大國之間一定會出現新的對抗，而這些對抗無疑也將涉及與第一

34 編按：指的是核武的爆炸威力，通常用釋放出相同能量的三硝基甲苯（TNT，又名黃色炸藥）噸位來衡量。低當量核武器通常當量為一百萬噸以下。

35 編按：「百萬噸」是測量核武威力的計量單位，為點燃一百萬噸三硝基甲苯所釋放的能量。

次大戰相同的各種原則不一致、文化誤解和技術傲慢。

我們已經面臨從一開始就在等待我們的兩難困境：戰爭深植在我們的文化之中，但它與先進的技術文明卻存在著致命的不相容性。愛因斯坦（Albert Einstein）在一九四五年就已看得清清楚楚：「一切都已經變了，除了我們的思考方式之外。」

愛因斯坦：「一切都已經變了，除了我們的思考方式之外。」

第9章

天下三分

核戰、傳統戰爭和恐怖主義戰爭

戰爭的新類別

如果我們對敵人動用〔核武〕，將引來報復、震驚、恐懼，以及一個最難以預見結局的報復循環……。我們被迫穿上理性的束縛衣，使我們無法對敵人發動猛烈攻擊……。戰爭應該回歸到它傳統的位置——即一種以其他手段進行的政治活動。

——威廉．考夫曼（William Kaufmann），蘭德公司分析師，一九五五年[1]

過去戰爭只有一種。它由國家發動，涉及軍隊，並有為了達成政治目的的戰略。雖然也有其他形式的暴力，從民眾起義到單純的盜匪行為，但它們和戰爭的區別很清楚。接著在一九四五年之後，戰爭突然有了三種類別：所有大國都必須做準備、但從來不打的核武戰爭，以及過去七十五年來持續吸引大眾關注的游擊戰和恐怖主義——當然，還有在核武僵局之下和之外持續蓬勃發展的「傳統」戰爭。

「傳統戰爭」（conventional war）在一九四五年之前並不存在，因為所有戰爭都是傳統的。對大國來說，它應該從一九四五年之後就幾乎消失了，因為核武讓他們之間即便以傳統手段——軍隊對抗軍隊、占領和保衛領土——進行的戰爭，也變得難以想像地危險。不過，大國仍處於將戰爭可能性視為既定事實的國際體系中，每個政府也都擁有龐大且強有力的機構，這些機構的目的就是為戰爭做準備，並在必要時進行戰爭。這是一個無解的困境，所以他們也從不去解決。

美國和蘇聯這兩個在二次世界大戰中崛起成為「超級大國」的戰勝國，將歐洲這個過去三百年來的世界權力中心劃分成兩個勢力範圍，界線大致沿著兩國軍隊在一九四五年停止前進的戰線劃定。接下來，他們將彼此視為敵人，並進入一段漫長而危險的軍事對峙期。這一切再正常不過了，正如他們用意識形態的差異來解釋、印證和強化彼此無論如何都會產生的敵意一樣正常。兩個超級大國可能都無意攻擊對方，但就平均而言，他們當時距離下一次世界大戰大概還有半個世紀後的時間。當然，這取決於你如何定義世界大戰。

權力的重新洗牌

我們通常只把二十世紀的兩場大戰視為「世界大戰」，但它們其實只是同樣的舊把戲，再加上較優良的武器技術。政治上來說，「世界大戰」是指當時所有大國都捲入其中的戰爭。在一六〇〇年至一九五〇年間，所有的大國——也就是那些能夠在遠離本國邊境的地方投入強大武力的國家——都是歐洲國家，而且他們正好也都有遍布全球的帝國，因此這段時期的戰爭也在全世界各地進行。不過，地理並非決定性的判別標準。真正讓戰爭成為世界大戰的關鍵，是所有大國都一起加入了兩個龐大的敵對聯盟，而且戰爭最終幾乎涵蓋了一切。在戰爭結束後，大國之間的所有重要爭議都會被一併放在談判桌上，透過和平協議來解決。

按照這個判別標準，現代史上共有六次世界大戰：一六一八至四八年的三十年戰爭、一七〇二至一四年的西班牙王位繼承戰爭、一七五六至六三年的七年戰爭、一七九一至一八一五年的法國大革命與拿破崙戰爭，以及在一九一四至一八年和一九三九至四五年的兩場實際上冠以世界大戰之名的戰爭。當時，人們認為這些戰爭明確地「解決」了問題，並確立了列強在隨後相對和平時期的相對地位。他們通常沒注意到的是（因為大多數的人一生中只經歷過其中一次），「世界大戰」約莫每隔半個世紀就會出現一次。

除了十九世紀的那段長期空檔之外，在整個現代史中，列強每隔五十年左右就會彼此開戰——甚至連十九世紀的「長期和平」也非事實。在一八五四年和一八七〇年之間，按照時間表，每個大國都與一個或多個大國開戰：英國、法國和土耳其合力攻打俄羅斯；法國聯合義大利對抗奧地利；德國對奧地利；然後是德國和法國開戰。由於除了第一場之外，所有這些戰爭都在六個月之內以一場決定性的勝利結束，因此沒有如以往那樣擴展至包含所有大國的規模。（任何兩個大國之間的戰爭持續得越久，就越可能把其他國家拖進來。）

不過，這一系列較小型的戰爭，對國際權力分布帶來的改變，和世界大戰通常會帶來的改變同樣重大。一個統一的義大利和強大的德意志帝國在歐洲的核心崛起，而奧地利的相對衰退則得到確認，法國也失去了它歐陸第一強權的地位。大國體系隨即進入一段漫長的和平時期：如同一八一五年的維也納會議，一八七一年的法蘭克福條約之後的四十年，歐洲大國之間都沒有發生戰爭。

讓這種模式如此週期性出現的因素是什麼？為什麼大國們大約每隔五十年就會全面開戰？

每一次的世界大戰都會重新洗牌，隨後的和平條約凍結所有的邊界改變，並確定大國在新的國際秩序中的地位排名。和平協議反映出在簽署當時世界上的真實權力關係。它們很容易執行，因為贏家剛剛在戰爭裡打敗了輸家。但是隨著幾十年過去，一些大國的財富和人口成長迅速，一些則出現衰退。經過半個世紀之後，世界上的真實權力關係已經與上一次和平協議所規定的情況大不相同。這時，某個正在崛起的國家，因為不滿其在既有的國際體系中被分配到的地位，或某個因害怕自身地位快速流失而恐慌的國家，就會引發下一輪的重新洗牌。

五十年這個數字並沒有什麼神奇之處。它只不過是權力的現實情況與上一次和平協議所反映的權力關係開始脫節所需的時間。因為第一次世界大戰之後才過了二十年就爆發第二次世界大戰，使我們無法看出正常的歷史規律，但這或許是因為第一次大戰是第一場全

面戰爭。由於即使戰勝國也遭受了巨大的損失，以致他們產生了不必要的報復心態，因此它以特別嚴苛的和平條約收場。正如古列莫·費雷洛（Guglielmo Ferrero）說的：「巨大的勝利造就了糟糕的和平。」事實上，一九一九年凡爾賽和約極端嚴苛的條款，對世界真實權力關係的扭曲是無法長久持續下去的。德國輸了這場戰爭，但它的實力不會在接下來五十年都比法國遜色。

第二次世界大戰也以一場同樣巨大的勝利告終，但戰後大國之間的和平已經持續了將近四倍的時間。在一九四五年之後的和

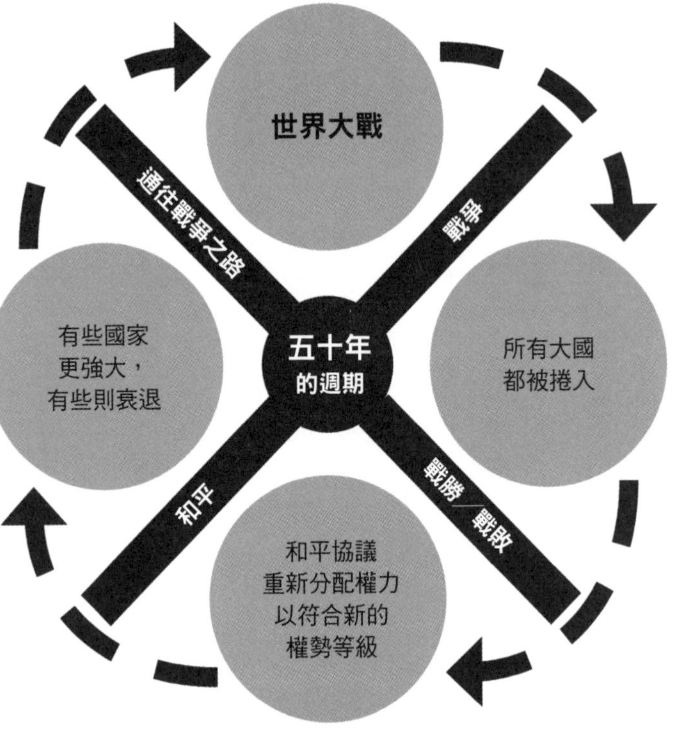

平協議，確實大致按時間表在一九八〇年代末期崩解——但它是以和平方式被取代的。那麼，為什麼冷戰在大約五十年後，沒有以第三次世界大戰結束呢？

核戰的可能與不可能

戰爭無非是政策以其他手段的延續。

——克勞塞維茨[2]

大國沒有永遠的朋友，只有永遠的利益。

——巴麥尊勳爵（Lord Palmerston）[3]

數千年歷史經驗累積下來，人們已有充分理由相信，國家是在殘酷無情的環境下運作的。取得政治權力的人都知道，在國家之內可由法律解決的紛爭，在國與國之間發生時往往要用戰爭來解決，因為國際法少之又少，也沒有國際執法機構。即使到二十世紀末，在軍隊服役的人也必須同時接受兩件事：核武已讓戰爭變得不可想像，以及戰爭依舊可能發生。

在超過四十年的時間，也就是一個世代軍人的整個職業生涯，人們持續嘗試把中歐變成一個讓列強能保留住傳統戰爭這個瀕危物種的狩獵區，因為另一個選項是回到全面戰爭。而下一次，那將是一場**核子**全面戰爭。但他們在傳統戰爭和核戰之間所畫下的界線，只是人為的區分，而且很不牢靠。

五〇年代末我被派往德國指揮一個師，那時核子武器第一次如一團沙盤上的棉花雲出現，從那時起我就一直害怕得要死。認為你能夠控制核戰爭的假設純粹是幻想……。你唯一能確定的是，戰爭極有可能在初期就急劇升級，演變成沒有人希望看見的戰略性全面交火。所以你不應該使用這些玩意。

——哈克特將軍

蘇聯取得與美國大致相當的核武能力，本應結束華盛頓把核武打擊視為可用軍事工具的時期，因為在這樣的戰爭裡，兩國實際上都會被毀滅。然而，雙方卻持續沿著「中央戰線」（東西德的邊界）將他們的傳統武裝部隊現代化，甚至發展出一些理論，詳細說明在尚未達到全面核子戰爭的情況下如何使用「戰術性」核武。

沒有預先規劃好的升級這種事，也就是必定按部就班，先打傳統戰爭、再打核子戰爭。這樣會大大違背我們靈活反應的理念。靈活反應意味著讓敵人面對完全無法預估的風險。我們甚至有可能從一開始就使用核武。如果政治上決定要

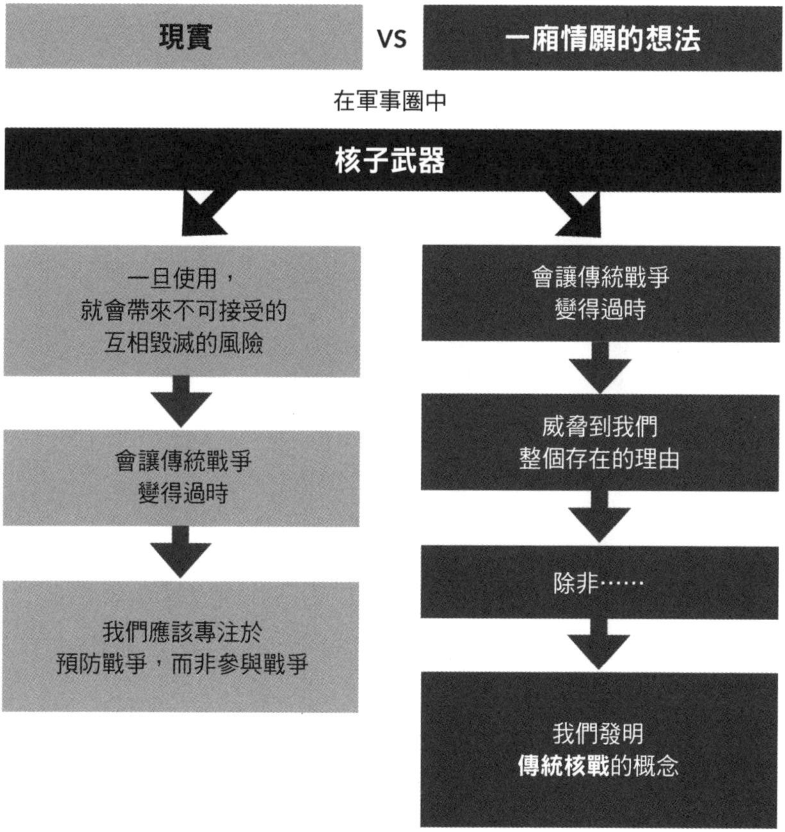
現實
VS
一廂情願的想法
在軍事圈中
核子武器
一旦使用，
就會帶來不可接受的
互相毀滅的風險
會讓傳統戰爭
變得過時
我們應該專注於
預防戰爭，而非參與戰爭
會讓傳統戰爭
變得過時
威脅到我們
整個存在的理由
除非……
我們發明
傳統核戰的概念

這樣做的話，軍方就會準備好這麼做。

——盟軍中歐總司令費迪南・馮・森格—埃特林將軍（Gen. Ferdinand von Senger und Etterlin），一九八二年

儘管將軍的措辭強硬，**靈活反應**的準則其實是北約組織在雙方訴諸核戰前，把歐洲的戰爭至少維持在「傳統的」二次世界大戰水平一段時間的嘗試——實際上，蘇聯在一九七〇年之前也採用了相同的政策。雙方都希望，即使在歐洲使用第一波相對低當量的核武之後——或許是為了阻止某處的突破——他們仍能在「戰略性」核武開始摧毀俄國和美國本土城市之前，把戰局的升級限制在「戰場性」核武範圍內至少再多幾天。

把生命奉獻給這樣的事業的軍人到底是愚蠢、還是只是絕望？有些人尚未理解布洛迪在一九四五年所闡述的真理——軍人現在的功能是要避免戰爭，而非發動戰爭——但更充分掌握資訊的人知道核子武器已經「改變了一切」。然而，他們是奉命要戍守邊疆的軍人，所以他們只能盡力而為。如果說，能夠同時在腦中保有兩個相反的理念，還能維持正常運作，是一流智力的標誌（如小說家費茲傑羅〔F. Scott Fitzgerald〕所說的），那麼這些人算是通過測試了。

在中央戰線一場「有限的」核戰，不只會毀滅大部分參與的軍隊，還會在短短幾天之內

造成中歐數百萬或數千萬平民的死亡。或許它會在敵人繼續使用「戰略性」核武摧毀整個北半球之前，提供最後一次短暫的反思和重新考慮的機會。但，也許不會。

在一九八三年的Wintex ’83演習中——這是冷戰即將落幕前北約組織最後幾次的年度指揮和參謀演習之一——腳本是華沙公約組織部隊在三月三日越過邊界、進入西德。北約指揮官在三月八日要求授權使用核武，以阻擋蘇聯的突破，並在三月九日下令對華沙公約國發動首次核打擊。在這場演習中，傳統戰爭只持續了六天。

為末日大決戰進行排練：英國部隊參與北約組織在德國的「獅心軍事演習」（Exercise Lionheart），1984年

傳統戰爭也在改變

冷戰期間對核武的執迷，掩蓋了另一個悄悄逼近軍人的新現實，而且這種情況持續至今：即使是使用最新進武器進行的純粹傳統戰爭，也已變得問題重重。最新一代的武器——戰場監視系統、具備「一擊斃命能力」的武器、無人機群等等——正在改變傳統戰爭的樣貌，一些軍事理論家甚至開始談論「軍事事務革命」（Revolution in Military Affairs）。毫無疑問，這種革命確實存在，但並非完全如他們所想的那樣。真正的「軍事事務革命」是作戰系統在戰鬥中損失的比例大幅增加，部分原因是新武器的製造變得如此複雜且昂貴，以致數量遠少於以往，另一部分原因是它們互相摧毀的能力太強大了。

上一次勢均力敵的現代軍隊進行激烈的傳統

以阿戰爭期間，以色列的坦克跨越蘇伊士運河，1973年10月。

戰爭，是在近半個世紀前，以色列在一九七三年和兩個阿拉伯鄰國埃及和敘利亞進行的中東戰爭。在那場戰爭中，以色列在不到一星期之內，就有近一半的坦克總數毀於線導反坦克飛彈（wire-guided anti-tank missile）。同樣地，以色列的空軍在開戰的前四天，其總數三百九十架的戰機中，有超過一百架毀於俄製的地對空飛彈。對以色列人來說幸運的是，美國在戰爭的第八天開始展開大規模的空中補給，空運了數百輛坦克、戰鬥機、火砲和拖式反坦克武器（TOW anti-tank weapon）。然而，很少有其他國家在戰爭爆發時，能夠立即得到類似的補給服務

自二次世界大戰以來，全球各國的武裝部隊平均規模都大幅縮小，除非是感受到特別高度威脅的地區，主要的原因是金錢。若無法負擔配備最先進武器的支出，就沒有道理維持擁有過多人力的軍隊，大多數國家也找不出在和平時期大量製造那些武器的正當性。如果大國之間發生戰爭，基本上會有無限的資金可供運用，但要大幅擴充武器生產仍需要時間。如果一九八〇年代北約組織和華沙公約組織在歐洲的「中央戰線」爆發戰爭，那將是（按照當時軍人的說法）「靠手邊武器上場」的戰爭（a “come as you are” war）：雙方都會立即開始損失坦克和飛機等主要武器系統，其速度是他們無法來得及替換的。

要理解軍事硬體成本升級的幅度，可以參考噴火戰鬥機（Spitfire），它在一九三九年進入英國皇家空軍服役時，可能是全世界最好的戰鬥機。當時它的造價是五千英鎊：相當於

約三十名英國成年人平均年收入總和。當一九八〇年代初期用來替代它的防空版龍捲風戰機（Tornado）進入英國皇家空軍服役時，每一架的造價是一千七百萬英鎊（三千七百五十名英國人的年收入總和）。英國皇家空軍最新購入的美國製F－35B戰機，在二〇一九年首次執行作戰任務，包括引擎和電子設備在內，每一架的造價是一億九千萬英鎊（六千七百八十五名英國人的年收入總和）。換一個方式來說，考慮通貨膨脹因素後，一架F－35B戰機比一架噴火戰鬥機貴兩百二十五倍。沒有任何國家比二次大戰初期富裕兩百二十五倍，因此能夠建造的武器數量大幅減少。在一九四〇年英倫空戰（the Battle of Britain）的高峰期，英國每週能生產約超過一百架的飛機。如今，英國皇家空軍的戰鬥機總數也只有約一百二十架。

目前新一代的戰機，當然比二次世界大戰的戰機精良許多。它們能用快四倍的速度飛行，攜帶多五到六倍重量的彈藥；它們可在百倍於噴火戰鬥機的距離外偵測和攻擊敵人，它們的武器準確度和殺傷力也更高。但這只會讓問題變得更

英國噴火戰鬥機（左圖）和美國的F-35B戰鬥機（右圖）

糟：不只空軍負擔得起的飛機數量變少，它們折損的速度也快上許多。

較近期發生的傳統衝突，有些是雙方部隊絕大部分都使用前一代武器，例如一九八〇至八八年的兩伊戰爭；或是展示特定武器能力，例如英國和阿根廷在一九八二年福克蘭戰爭中使用的掠海反艦飛彈（sea-skimming anti-ship missile）；或是極度一面倒的戰鬥，例如兩次的美伊戰爭（一九九〇至九一年與二〇〇三年）。這些戰爭都沒有詳細告訴我們，如果兩支都配備和訓練到當前美軍武裝部隊水平的大型軍隊互相交戰，會發生什麼情況。

舉例來說，如果一九八〇年代歐洲發生戰爭，北約組織在歐洲的司令將有約三百萬軍事人員供他指揮（其中四十萬為美國人），再加上處於高度備戰狀態的一百七十萬後備兵力。它的蘇聯對手也會有大致相當的兵力，但擁有的坦克數量可能較多。這兩支軍隊是全世界最大的機械化部隊，但是和二十世紀兩次世界大戰列強所部署的軍隊相比，仍然遠遠不及。每一天的戰鬥都可輕易看到上千部坦克和數百架飛機被摧毀，而雙方都無法迅速加以替換。消耗已成了首要的難題。

（很可能會出現）一場極其短暫的相互摧毀第一線裝備的衝突，讓軍隊只能依賴相當簡單的武器——回歸到早期戰爭階段的情況。我們在一九一四年就經歷過這種情況：所有參戰方都用完全不足以應對實際戰鬥規模的儲備武力作戰，於是有了著名的

「冬季停戰」，部分原因是為了讓彼此療傷……更重要的是要加速軍火工廠的生產。由於現在武器的庫存清單龐大許多，這段停戰期將是用來替換幾乎所有裝備：坦克、飛機、飛彈、飛彈發射器、各式裝甲車輛……。

——基根，軍事史學家

當然，這一切都是假設「傳統」戰爭持續的時間會遠超過Wintex '83演習中模擬的六天。

在一九八〇年代中期，北約組織和華沙公約組織總計擁有近十億的人口，但擁有的第一線傳統武器只夠配備給不到一千萬名士兵：不到總人口的百分之一。一九八八至八九年冷戰結束之後，部隊規模進一步快速下降，主要是因為一九九〇年代俄羅斯以某種鬆散混亂的方式走向民主化，彼此的威脅感大幅降低。弗拉基米爾．普丁（Vladimir Putin）在一九九九年上台，俄國實質上回歸專制政體後，儘管雙方的軍工複合體（military-industrial complex）努力推動，仍未引發新一輪的軍備競賽，因為失去了「衛星」國家的俄羅斯，距離西歐的核心地區更加遙遠，對西方來說已無法再被合理描繪為一個迫在眉睫的軍事威脅。另一方面，想找尋藉口重建舊俄羅斯或蘇聯帝國的俄國領導人，當然可能向自己的人民聲稱北約東擴是個威脅，因此將緊鄰俄羅斯西邊的部分或全部國家納入莫斯科的掌控下是合理的，而這種不幸最終也確實發生了。

在一九九〇年代，拒絕前華沙公約的國家加入北約組織的請求，會是難以想像的事，因為他們對俄羅斯擴張主義回歸的焦慮，相對於俄國人對蒙古西征（一二三七年）、穆斯林奴隸掠奪（最後一次韃靼人襲擊莫斯科是在一七六九年）、拿破崙（一八一二年）和希特勒（一九四一年）的執念，是源於更近期且鮮明的創傷。人人都需要安全保障，但東歐的新興民主國家才剛剛脫離半個世紀嚴格的俄羅斯或蘇聯管控，當然有權尋求自身安全的保證，即便俄羅斯當時的表現良好。

以實際的軍事安全而言，有關北約的東部邊界在哪裡的爭議根本無關緊要，因為沒有人真的認為北約和俄羅斯之間潛在的未來衝突，會以坦克部隊在草原上競速的方式決定勝負。甚至很難想像這種戰爭的目的是什麼：西方國家對俄羅斯有興趣的東西，沒有一項是不能用錢輕鬆買到的，而俄國人可能侵略北約國家的想法則是悖離現實。這想法過去或許還有一絲說服力，但現在沒有了。

在一九八〇年代中期，北約成員國的總人口大約是六億七千五百萬人，華沙公約國的人口約三億九千萬人，不過由於近半數北約國家的人口是遠在大西洋的另一邊，以雙方在歐陸地面上的軍力而言，彼

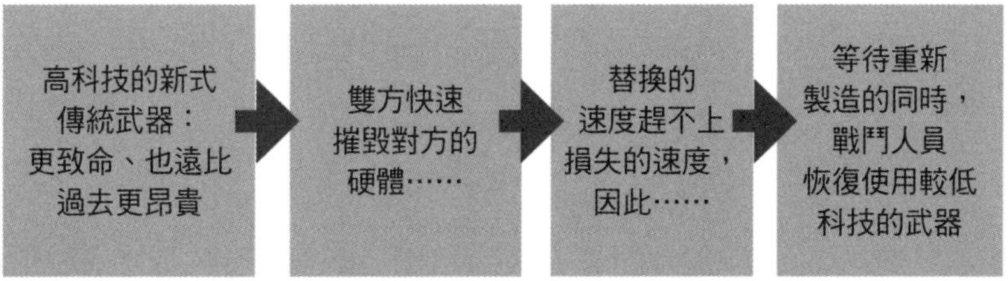

此確實給對方構成了真正的威脅。到了二〇二〇年，華沙公約組織早已不復存在，所有前東歐衛星國家也都加入了北約。甚至蘇聯的十五個共和國也已解體，留下一億四千五百萬相對貧困的俄國人獨自面對現在擁有八億七千萬人口資源的北約盟國。過去北約和華沙公約組織的人口比例大約是三比二；如今北約和俄羅斯的人口比例較接近五比一。就財富而言，則大約是十五比一。

北約東部邊界的位置以及它與莫斯科的距離，是轉移注意力的假議題。雙方在邊界附近相對稀少的軍力部署只是絆線（trip wires）[36]，北約和俄羅斯任何公開的衝突都會迅速轉向核戰略層級（雖然我們希望不會真的動用核武）。在那樣的層級，飛彈基地位在哪裡其實並不重要，而且它們當然不大可能部署在易受攻擊的邊界附近。儘管近期局勢緊張，要為當今歐洲爆發一場全面性、橫跨整個大陸的傳統戰爭寫出一個合理可信的劇本，依然相當困難。

現今世界上只有兩個地方，仍有規模龐大且先進的軍事武力以公開敵對的態勢互相對峙：一個是印度與巴基斯坦和中國的邊境，另一個是朝鮮半島。在這兩個例子裡，核子武器也都隨時可用。中華人民共和國和台灣之間的台灣海峽是第三個潛在衝突點，不過尚未到達那種程度。

我們絕不能忘記中東地區，但用軍事「解決方案」來解決阿拉伯和以色列的衝突，是很難想像的。從軍事角度來看，以色列是該地區的「袖珍版超級大國」(dwarf superpower)，也從未輸過對阿拉伯的任何一場戰爭。此外，遜尼派阿拉伯國家，尤其是沙烏地阿拉伯，對來自什葉派伊朗的「威脅」越來越執著，因此逐漸將以色列視為潛在的盟友，而非永遠的敵人。然而，儘管這個地區以頻繁、徒勞且經常贏不了的戰爭著稱，人們仍很難相信會爆發一場讓所有什葉派國家（伊朗、伊拉克、敘利亞，可能加上黎巴嫩）對抗所有遜尼派阿拉伯國家（埃及、沙烏地阿拉伯、阿聯大公國及其他較小的波灣國家），再加上以色列、或許還有土耳其的大規模傳統戰爭。這就像要一群貓聽從指揮一樣困難。

為什麼以色列戰無不勝？

以色列可以取得最新一代的美國武器。它每年從美國獲得大筆國防預算的補貼。以色列人口的教育程度較高、科技應用能力較強，也更習慣於大型、非個人化的官僚體系和階級組織。

由於以色列採取典型的歐洲式動員制度，在五次「傳統」戰爭中的四次，它在戰

36 編按：原本意指觸發更大反應的小型觸發裝置，在此指的是部署在邊界或前線地區，規模不大但戰略意義重大的部隊。其主要作用是警告對方，若對這些部隊發動攻擊，就會自動引發整個聯盟的軍事回應機制。

場上投入的兵力，都超過人口遠多於它的阿拉伯鄰國。以色列享有「內部」交通線（'interior lines' of communication）[37]的優勢：它可以在一夜之間，把部隊從埃及的邊境調動至敘利亞、約旦或黎巴嫩的邊境。不同於大部分的鄰國，以色列是民主且相對平等的社會，至少就它的猶太公民而言是如此。這促進了團結意識、高昂士氣，以及面對困境的韌性。過去六十年來，以色列在該地區一直享有核武的獨占權。

如今大多數的小規模傳統戰爭，令人安心地幾乎沒有為軍事分析家提供什麼新的戰術和戰略教訓，但它們確實還是會不時發生。在二〇二〇年亞美尼亞對亞塞拜然的戰爭中，土耳其製、可發射飛彈的「旗手 TB2」（Bayraktar TB2）無人機和以色列製的「神風」（kamikaze）無人機，在短短六個星期內就摧毀了亞美尼亞大半的坦克、火砲，以及多管火箭發射系統和地對空飛彈系統，到那時，亞美尼亞已經輸掉了這場戰爭。一項新技術首次出現在戰鬥中時，有時可能會產生決定性的效果——不過，一旦衝突雙方有了足夠數量的新技術，並吸取了早期戰術經驗，知道如何做最好的部署和運用，損失率往往會趨於平衡（即使不一定會下降）。

二十一世紀初的世界呈現出一種陌生的面貌。長久以來國際政治的主要特徵，即正規裝備軍隊之間跨越邊境的戰爭，幾乎已從美洲、大洋洲和大部分的亞洲地區消失。相較於誠然恐怖的過去，「傳統」戰爭實際上似乎正在減少——然而，這卻是游擊戰和「恐怖主義」的黃金時代。

無處不在，又無處可尋

游擊隊不是軍人，在現代，他們通常也不為某個受認可的國家效命，但他們確實是為了政治目的而運用武力：因此他們所從事的也是戰爭，而非隨機的暴力。

37 編按：指一個軍事力量在戰場上擁有的地理優勢，能夠比敵人更快速、更有效地在不同戰線之間調動部隊、補給和通訊。

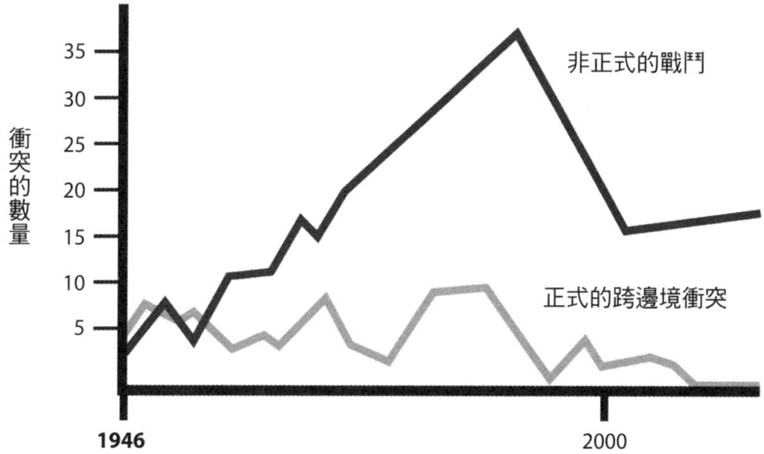

無論在哪裡，我們一到達他們就消失；無論在何時，我們一離開他們就到來。他們無處不在，卻又無處可尋，他們沒有可被攻擊的明確中心。

——對抗西班牙游擊隊的法國軍官，一八一〇年[4]

做為一種抵抗外國占領的形式，游擊戰在拿破崙戰爭期間聲名鵲起，當時為這種手段命名（西班牙文的guerrilla，意思就是「小戰爭」）的西班牙人和德國人，都對法國占領軍發動了大規模的游擊戰。但即使到了二次世界大戰，游擊戰已被廣泛運用於對抗德國和日本占領軍，它仍不被視為一種可能具有決定性的軍事手段，主要是因為它缺乏一個取得最終勝利的戰略。

只要游擊隊一直分散在山區、森林或沼澤，只進行打了就跑的突襲行動，他們就能對占領國的軍隊造成持續但有限的損失。他們也可能在城市中發動如今所謂的「恐怖攻擊」——但若不公開露面，他們就無法把敵人趕出城市的權力中心。而如果他們真的和占領軍進行公開的戰鬥，敵人的重型武器將會把他們徹底擊潰。

二次大戰後改變的是，農村游擊隊的手段擴散到了歐洲的殖民帝國。正如一九三九年至一九四五年間歐洲被占領的國家一樣，法國、英國、荷蘭和葡萄牙殖民地的游擊隊要動員同胞反抗外來的占領者並不困難。但也和歐洲的被占領國家一樣，他們無法從帝國裝備良好的正規部隊手中贏得決定性的軍事勝利。然而事實證明，游擊隊並不需要軍事勝利。只要他們能讓殖民強權必須付出高昂代價才能留下來，並無限期持續這麼做，殖民強權最終一定會決定認賠殺出、打道回府。

在一九四五年後的二十年間，這種模式在印尼、肯亞、阿爾及利亞、馬來亞、塞普勒斯、越南、南葉門，還有其他許多地方重複了許多次。在大多數情況下，是游擊隊的首領繼承了原本的權力：印尼的蘇卡諾（Sukarno）、肯亞的喬莫・肯亞塔（Jomo Kenyatta）、阿爾及利亞的民族解放陣線（FLN）等等。一旦歐洲帝國強權終於理解到自身面對這種手段的致命弱點，他們所剩餘的其他許多殖民地的去殖民化過程，便得以在無需游擊戰的情況下完成。

在當時，農村游擊戰看似無可阻擋的蔓延趨

當游擊戰奏效時

殖民強權無法承受
游擊行動有限但持續
造成傷亡的代價
最終離開
= 游擊行動

勢，在西方主要大國中引發了極大的驚恐和沮喪，因為在一九四五年後的大部分游擊運動，都是遵循某個版本的馬克思主義意識形態，而這種意識形態正是西方的頭號國際對手蘇聯所宣揚的。這導致西方相信，這些游擊戰背後的驅動力是蘇聯和（或）中國的擴張主義，而非對外國統治的憎恨。

事實上，一九五〇和一九六〇年代的亞洲、非洲和阿拉伯的革命領導人是在倫敦和巴黎學習馬克思主義，而非莫斯科。一九六五年美國在越南的全面軍事投入，不僅是基於錯誤的理由——為了阻擋它所認為透過中國進行的蘇聯擴張主義——也選擇了錯誤的時機。到了一九六五年，在「第三世界」的游擊戰浪潮已接近其自然

1966年，越共游擊隊正渡過一條河

的終點：除了中南半島之外，只剩下非洲南部和南葉門還能見到對抗帝國統治活躍的游擊戰。在意識形態的驅使下，美國為了贏得在亞洲的游擊戰，願意比過去的歐洲人花更多的錢和犧牲更多的生命（五萬五千人），但這個公式戰法對越南人來說和對過去的其他人一樣有效：他們只需要堅持得夠久、不輸掉戰爭，美國的大眾就會起身反對這些代價和傷亡，而讓他們贏得勝利。這件事在一九六八年發生了，雖然美國人最後直到一九七三年才撤出越南。

前蘇聯是實行嚴格媒體管控的專制政權，但到了一九八〇年代，它在戰爭傷亡問題上同樣變得脆弱。對阿富汗的十年軍事干預，僅造成一萬五千名蘇聯士兵死亡，但此事對俄國國內的民意帶來了類似越戰的效應，迫使莫斯科在一九八九年自阿富汗撤軍。事實上，莫斯科當局在二〇一五年後介入敘利亞內戰的方式，顯示出它不願造成重大軍事傷亡的意圖和華府一樣強烈。

最初促成農村游擊戰手段蓬勃發展的殖民與反帝國的背景消失之後，便大幅降低了它的效用，因為對一個由本地最強大族裔所支持的在地政府，游擊戰很難發揮功效。沒有外國占領者可以做為吸引人們加入自己陣營的對抗目標，而反殖民鬥爭中帶來勝利的終局戰略也不再適用。一個立基於本地的政府，如果打擊反叛軍的戰爭代價太高，它也無法認賠殺出，撤離「回家」。他們能去哪裡呢？厄利垂亞和南蘇丹這兩個特例印證了這個規則：在

當游擊戰無法奏效時

立基於本地的政府
無法「回家」
游擊隊無法贏得決定性的
軍事勝利
衝突無法解決
= 游擊行動

大部分新獨立的國家，爭取獨立的分離主義團體無法消耗立基於本地的政府和軍隊的意志。

所有這些規則中最大的一個例外，是那場持續十五年、最終演變成全面性傳統戰爭的農村游擊戰，中國共產黨在這場戰爭中，於一九四九年從同樣是中國人的國民黨手中奪取了政權。

中國：偉大的例外

> 每戰集中絕對優勢兵力，四面包圍敵人，力求全殲，不使漏網。
>
> ——毛澤東，一九四七年[5]

若是在一九三〇年代或一九四〇年代初，毛澤東絕對不會下達這樣的命令，當時他正在進行一場典型的游擊戰，對抗侵華的日軍和中共的國內對手——執政的國民黨。相反地，他遵循的是游擊戰的標準規則：偷襲敵人的小型部隊，絕對不和他們的主力部隊正面交鋒。然而，到了一九四七年，日本已經投降，國民黨也搖搖欲墜。僅僅兩年內，人民解放軍的兵力成長了四倍，達到兩百萬人，並且公開出擊，在一系列的正面會戰中打敗了腐敗、分裂且無能的國民黨政府。

毛澤東實現了游擊戰的終極目標。沒有靠外來的支援，也沒有反國外勢力的憎恨情緒的幫助，他把他的游擊隊員轉化成一支真正的軍隊，並在公開的戰役中打敗了既有的中國政府軍。這是一個了不起的成就，許多革命團體也都試圖效法他的榜樣。只有兩個取得成功：一九五九年帶著一小隊弟兄從馬埃斯特拉山（Sierra Maesrtre）下來的卡斯楚，以及一九七九年尼加拉瓜的桑定組織（Sandinistas）。這兩個成功案例的背景都和國民黨統治下的中國大不相同。卡斯楚的七二六運動（26th July Movement）和桑定組織面對的敵人都極其邪惡和無能，甚至令國民黨都顯得善良，而且這兩場運動都透過利用美國多次干預之後在當地激

1930年代的毛澤東

發的強烈反美情緒，占據了愛國主義的制高點。

而最多也就是這樣了。在一些第三世界國家地形較崎嶇的地區，仍有堅持不放棄的農村游擊運動，但面對能有效訴諸民族主義來鞏固自身立場的本地政府，他們幾乎毫無勝算。如果他們嘗試從暗殺行動、汽車炸彈攻擊和打了就跑的突襲，升級到更有野心的行動，涉及會起身戰鬥的大規模部隊，那只會提供政府軍一直夢寐以求的攻擊目標。到了一九七〇年代，情況已變得很清楚：農村游擊戰已不再是一種有前途的革命手段。

城市游擊戰

這份領悟促使一些失望的拉丁美洲革命者走向隨機的恐怖主義（或者說是「城市游擊戰」〔urban guerrilla warfare〕，這是它後來的名稱）。這個信條的拉丁美洲創始者，尤其是阿根廷的蒙東特羅斯（Montoneros）、烏拉圭的圖帕瑪羅斯（Tupamaros），以及例如卡洛斯・馬瑞格拉（Carlos Marighella）等的巴西革命者，他們最初的目標是促使目標政權採取極端的鎮壓。這是法國馬克思主義者所謂的「惡化策略」（la politique du pire）[38]。

城市游擊戰透過精心策劃的暗殺、搶劫銀行、綁架、劫持等行動，對政府造成最大的難堪，目標是誘導強硬的軍事政權推翻民主政府，或是迫使既有的軍事政權實施更嚴格、更不受歡迎的安全措施。如果這個政權訴諸反恐、刑求、被「消失」和死亡小隊等手段，那就更好了，因為它們的目標就是要讓人民與政府疏離。

必須透過執行暴力行動把政治危機轉變成武裝衝突，迫使當權者把國內的政治局勢轉化成軍事局勢。這將使群眾感到疏離，從而開始反抗軍隊和警察，並將這種狀況歸咎於他們。

——馬瑞格拉，《城市游擊戰迷你手冊》(*Mini-Manual of the Urban Guerrilla*)[6]

可惜的是，城市游擊戰和晚期殖民環境之外的農村游擊戰有著同樣致命的缺陷：它缺乏一個良好的終局策略。理論上認為，當游擊隊成功召喚出一個殘暴的高壓政權，人民就會起身推翻壓迫者。但人民究竟要如何完成這項壯舉？自十九世紀以來，武裝城市起義鮮少成功過。

在拉丁美洲各國，城市游擊隊完成了他們策略的第一步：創造出一個徹底殘暴並致力於消滅他們的軍事政權。但這些政府隨後就確實地做到了這一點。在每一個試圖推動「惡

38　譯註：字面原意是「最糟糕的政治」，指的是把事情弄得更糟，藉以達成革命目標的策略。

化策略」的拉丁美洲國家，大多數城市游擊隊的下場不是死亡，就是流亡。

這些拉丁美洲恐怖主義策略的微弱且更加愚蠢的回響，是一九七〇和一九八〇年代在西歐和北美蓬勃發展的極度不嚴謹的恐怖主義運動。他們主要的意識形態導師是美國學者赫伯特·馬庫斯（Herbert Marcuse），他寫到需要透過有創意的暴力行動來「揭穿自由派資產階級的壓迫性寬容」，以迫使他們卸下自由主義的偽裝，顯現出他們真實的壓迫本質。這是設計出來的恐怖主義，關乎「態度」，也關乎真正的政治，它雖然造成數百人死亡並製造了數十萬則新聞標題，但從未對任何地方的任何政府造成威脅。李歐納·柯恩（Leonard Cohen）在他的嘲諷歌曲〈我們先占領曼哈

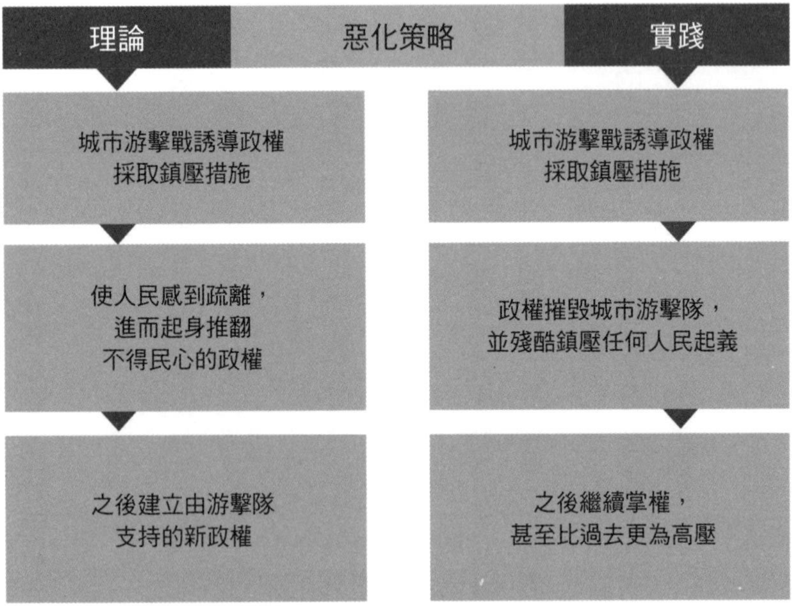
理論
惡化策略
實踐
城市游擊戰誘導政權
採取鎮壓措施
使人民感到疏離，
進而起身推翻
不得民心的政權
之後建立由游擊隊
支持的新政權
城市游擊戰誘導政權
採取鎮壓措施
政權摧毀城市游擊隊，
並殘酷鎮壓任何人民起義
之後繼續掌權，
甚至比過去更為高壓

頓〉（First We Take Manhattan）中，捕捉到已開發國家的城市游擊隊的天真和自戀：

> 天堂的信號指引著我。
> 我身上這個胎記指引著我。
> 我們的武器之美指引著我。
> 我們先占領曼哈頓。然後占領柏林。

如果說德國的巴德—邁因霍夫幫（Baader-Meinhof Gang）、義大利的紅軍旅（Red Brigades）、美國的共生解放軍（Symbionese Liberation Army）和氣象員（Weathermen）、日本赤軍，以及所有其他團體對事件有任何影響的話，主要就是做為被右翼政府用來詆毀其合法

《巴德邁因霍夫二人組》（*The Baader Meinhof Complex*）電影海報

的左派對手的妖魔。以宗教或少數族裔為基礎來運作的民族主義城市游擊隊，例如北愛爾蘭的愛爾蘭共和軍（IRA）和西班牙巴斯克省的艾塔組織（ETA），則展現了更長的持續力，但兩者如今都和他們對抗的政府達成了和平。

然而，有兩個恐怖組織確實找到了對事件造成影響的方法。他們都透過國際行動打出名號，他們的政治目標都不需推翻他們所攻擊的政府，而且兩者都是阿拉伯組織。

巴勒斯坦

巴勒斯坦解放組織（PLO）由亞希爾・阿拉法特（Yasser Arafat）於一九六四年創立，目的是協調出一個在大批巴勒斯坦人居住的難民營中形成的武裝團體的戰略。阿拉法特的重要洞見是了解到，雖然這些團體沒有機會靠直接的攻擊來打敗以色列並重新奪回家園，但如果把他們的力量運用在一個不同的目標上，或許能產生成果。

阿拉法特和他的同僚明白，把「難民」重新塑造成「巴勒斯坦人」的重要性。只要他們被非阿拉伯人（甚至是部分阿拉伯人）視為只是一般的「阿拉伯難民」，理論上他們就能被重新安置在阿拉伯世界的任何地方。他們返回家園的唯一希望，就是讓世人相信有一種名為「巴勒斯坦人」的身分認同存在，因為用這個名稱稱呼人們，等於暗示性地承認他們對巴勒斯坦這片土地擁有合法的權利。

什麼樣的活動可能讓世人相信真的有巴勒斯坦人存在？當然不會是一般的廣告活動，但如果你採取令人震驚的暴力行為，那麼媒體就不得不報導——而為了解釋那些行為，他們就不得不談論到巴勒斯坦人。一九七〇年九月，巴解組織的「游擊隊」同時劫持了四架客機，將它們飛往約旦沙漠的機場，並在將乘客帶走之後，在全世界電視機鏡頭前摧毀了這些飛機。後續的巴解組織攻擊造成了許多傷亡，但這種國際恐怖主義有一個理性且可達成的目標：不是要讓以色列屈服，而是迫使世人接受巴勒斯坦民族的存在，他們必須積極參與和自身命運有關的討論。

一旦這個目標在一九八〇年代後期達成之後，巴解組織便停止了恐怖活動（儘管一些不理解這個策略的異端分裂團體，仍繼續自行發動毫無意

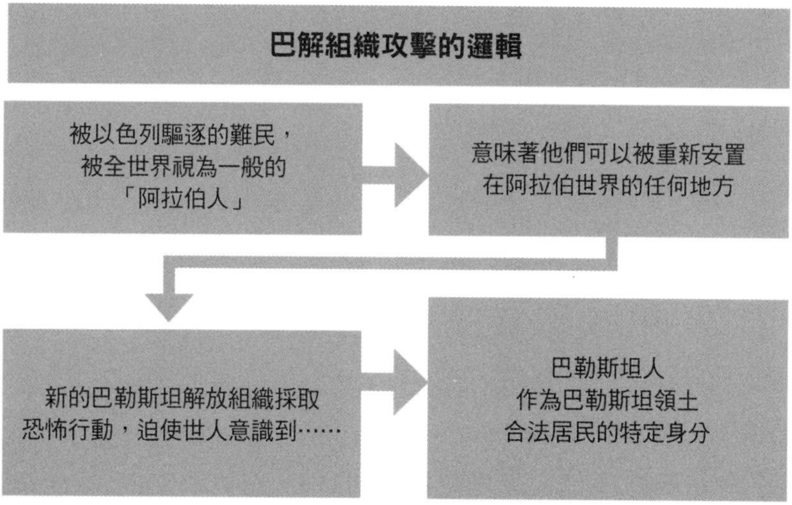
巴解組織攻擊的邏輯
被以色列驅逐的難民，
被全世界視為一般的
「阿拉伯人」
意味著他們可以被重新安置
在阿拉伯世界的任何地方
新的巴勒斯坦解放組織採取
恐怖行動，迫使世人意識到……
巴勒斯坦人
作為巴勒斯坦領土
合法居民的特定身分

義的恐怖攻擊）。接下來的十年，巴解組織追求的目標是與以色列透過協商達成和平，最高潮是一九九三年在美國華府簽署「奧斯陸協議」（the Oslo Accords）。然而，阿拉法特和他的重要談判夥伴以色列總理伊茲哈克・拉賓（Yitzhak Rabin），都發現他們的行事自由越來越受到自身陣營中「拒和派」勢力的限制，這些人拒絕接受和平解決方案所必需的領土讓步和難民回歸權上的妥協。

在拉賓於一九九五年遭猶太極端分子暗殺之後，巴勒斯坦恐怖攻擊重新開始，這次是在選舉期間的以色列境內進行。發動這些攻擊的並非巴解組織，而是新崛起的伊斯蘭主義運動，他們拒絕任何將使巴勒斯坦國僅建立在前英國託管的巴勒斯坦的一小部分領土上的協議。這是另一個帶著理性和可達成目標的恐怖行動——這次的目標是要阻撓阿拉法特的「兩國」方案。

哈瑪斯（Hamas）和伊斯蘭聖戰組織（Islamic Jihad）的炸彈攻擊活動，特別針對公車以造成大量猶太人傷亡，目的是讓以色列選民遠離拉賓的繼任者西蒙・裴瑞茲（Shimon Peres）——他原本預期在拉賓遇刺後可望靠著同情票輕鬆勝選——轉投入本雅明・納坦雅胡（Binyamin Netanyahu）的懷抱，他是未公開表態的拒和派，可以指望他會無限期延宕和平談判。結果奏效了，在接下來的三年中，和平解決方案幾乎沒有任何進展。事實上從那時起一直都是如此：用馬克思主義者的話來說，兩邊的拒和派是「客觀上的盟友」（objective allies），他們共同的目的是阻撓兩國方案，而且他們也一直很成功。

九一一和伊斯蘭恐怖主義

雖然恐怖主義仍然無力直接推翻政府，但它實現野心較小的政治目標的能力已經增強。駭人聽聞但極其有效的一個例子，就是二〇〇一年九月十一日，蓋達組織（al-Qaeda）對美國發動的恐怖攻擊。

激勵蓋達組織、伊斯蘭國（Islamic State）和其各種複製和附屬組織的伊斯蘭主義計畫，是始於這樣的前提：穆斯林國家當前悲慘的困境，是因為它們已經半西方化，且未能嚴格遵循伊斯蘭教義。這種情況只有在穆斯林按照真主真正的旨意來

遭劫持的飛機撞擊紐約世貿中心，2001年9月11日

實踐他的信仰時才會改變——或者更確切地說，按照這些伊斯蘭主義者對真主旨意的某種極端詮釋來實踐信仰。

在這個基礎上，他們建立了改變世界的兩階段計畫。第一階段，必須推翻所有現存的穆斯林國家政府，以便讓伊斯蘭主義者取而代之，並利用國家權力將穆斯林帶回信仰和行為的正確道路。然後，真主會幫助他們將整個穆斯林世界統一為一個單一、無國界的超級國家，進而挑戰和推翻西方世界的主導地位。在更極端的表述中，最終目標是讓全世界都皈依伊斯蘭教。

接受這種伊斯蘭主義分析的穆斯林相對很少，更別說支持這個計畫了，但支持者在阿拉伯世界的人數要比其他地方多，因為在這些國家，人們對當前局勢的憤怒和絕望最為強烈。因此，伊斯蘭主義革命團體在多數較大的阿拉伯國家至少活躍了三十年。為了達成推翻現有政府並自己掌握權力的第一個目標，他們經常訴諸恐怖主義。毫不意外地，他們沒有在任何地方贏得權力。恐怖主義對圖帕瑪羅斯無效，對巴德—邁因霍夫幫無效，也沒理由對伊斯蘭主義者有效。

真正**能夠**推翻政府的方法（除了軍事政變外，這不大可能是伊斯蘭主義者取得政權的方式），是走上街頭的一百萬民眾——但首先你得讓他們走出來，而伊斯蘭主義者顯然辦不到。廣大群眾根本不夠喜愛或信任伊斯蘭主義者，不願冒著生命危險把他們送上台。在一些國家，結果就是伊斯蘭主義者和政府之間的血腥僵局，大多數人則是對鬥爭坐視不理，希望兩邊都受到詛咒。一九九〇年代初奧薩瑪・賓拉登（Osama bin Laden）在阿富汗創立蓋達組織時，這種僵局就已經確立。

> 異教徒國家全都聯合起來對抗穆斯林……。這是一場新的戰鬥，一場偉大的戰鬥，如同征服耶路撒冷這樣的伊斯蘭偉大戰鬥……。〔美國人〕以打擊恐怖主義之名出來對抗伊斯蘭教。
>
> ——賓拉登，二〇〇二年十月

蓋達組織的策略不是攻擊阿拉伯國家的政府，而是直接攻擊西方世界。但我們必須假定，蓋達組織及其各種伊斯蘭主義對手和繼承者的真正目標，仍是要發起革命，讓伊斯蘭主義者在阿拉伯世界和其他穆斯林國家掌握政權，以便開始改造人民，讓人們走上遵循伊斯蘭教的真理之道。直接攻擊西方如何有助於讓這些革命更接近實現呢？

恐怖分子們從不宣傳他們真正的策略，但幾乎可以肯定蓋達組織的策略又是「惡化策略」這個老把戲，只是這次是在國際的背景下。只有傻子才會相信，對美國發動一場造成三千人死亡的恐怖攻擊，會讓美國政府拋棄它在穆斯林世界的代理政府。任何理智的人都知道，華盛頓當局的反應將是一次或多次大規模武裝入侵穆斯林世界，努力剷除恐怖主義的根源。

賓拉登和他的同夥既非無知也不愚蠢。他們真正的策略是誘使美國人踩著大軍靴對穆斯林世界侵門踏戶，相信美國的行動會驅使許多穆斯林投入本地伊斯蘭主義組織的懷抱。接下來，他們期待已久的對抗親西方政府的起義或許終於會實現，讓伊斯蘭主義者得以掌權。

如果這是蓋達組織在九一一攻擊紐約和華盛頓的戰略目的，那麼不得不承認賓拉登的投資得到了合理的回報：在不到二十個月內，美國已經入侵並占領兩個人口合計五千萬的穆斯林國家。伴隨入侵過程的影像，對穆斯林——特別是在阿拉伯世界的穆斯林——帶來巨大的痛苦和羞辱，而隨後對阿富汗和伊拉克的軍事占領中不可避免的暴行和錯誤，又製造了源源不絕的更多類似影像。

這些影像所引發的憤怒確實把數百萬的穆斯林——特別是在阿拉伯世界的穆斯林——推向了伊斯蘭主義革命組織的懷抱，但在中東地區的造成長期影響並非革命性的。事實上，在阿富汗，二〇〇一年美國入侵的直接結果，是推翻了穆斯林世界唯一存在的伊斯蘭主義政府：塔利班。

塔利班花了二十年才再次將美國人及其盟友趕出阿富汗，但如今既然已回到之前的局勢，塔利班很可能比美國入侵之前更沒興趣發起全球聖戰。他們的關注焦點始終僅限於國內事務。

美國攻打伊拉克的海珊政權，應該令賓拉登感到訝異，因為海珊這位伊拉克獨裁者並不會和伊斯蘭主義革命分子合作；他只會殺了他們。然而，美國的入侵確實在遜尼派伊拉克人當中，催生了賓拉登一直希望激發的那種伊斯蘭主義抵抗運動，它在蓋達組織的領導下，十年之間造成了約四千五百名美軍死亡。二〇一四年，它演變為短暫存在的「伊拉克與敘利亞伊斯蘭國」（Islamic State of Iraq and Syria，簡稱ISIS），在這兩個國家的部分地區統治了八百萬到一千兩百萬的人口。不過，到了二〇一九年，「伊斯蘭國」已被擊潰且大部分被消滅，儘管蓋達組織仍持續在中東和非洲的各個地區以游擊隊和恐怖組織的形式運作。

美國當初能否有不同的做法？不入侵伊拉克肯定會有所幫助，但九一一事件後美國的民心激憤，讓布希政府很難避免入侵阿富汗——這正中了蓋達組織領導人的下懷。

另一個促成入侵的因素，是美國軍方對「基地」的執念。這類設施對正規軍隊不可或缺，但對採用恐怖主義策略的革命分子而言，其實無關緊要。蓋達組織在阿富汗的營地，是便於向志願者灌輸教條的場所，但它也是可有可無的奢侈品：九一一事件的策劃主要是在德國進行的，而飛行員則是在美國接受訓練。像蓋達這樣的組織是去中心化的民間網絡，後勤需求極低，而對付他們的正確工具通常是警察部隊、情報蒐集和安檢措施，而不是軍隊。

即使到現在，在錯失學習機會的二十年之後，軍方對於阿富汗重新出現「恐怖分子基地」的執念依然存在，但真正的恐怖分子會維持分散且幾乎不可見的狀態。他們造成傷害的能力會時強時弱，但不太可能完全停止活動。那麼，「國際恐怖威脅」到底可能發展到多大規模？

到目前為止，蓋達組織及其各個伊斯蘭主義競爭對手，仍在運用五十年前巴解組織所利用的技術（儘管政治目標截然不同）。它透過把自殺炸彈客訓練成飛行員，發現了劫持客機的新用途，但看起來並沒有太多具類似破壞力、尚未被發現的技術等待他們去嘗試。在寫作本書的此時，蓋達組織的所有後續攻擊都是完全傳統的低技術轟炸和大規模槍擊，最多造成幾百人喪生，更常見的是只有幾人死亡。越來越常見的「孤狼」式攻擊是由個人進行，他們與蓋達組織及其同類唯一的聯繫是透過瀏覽他們的網站，這使得偵查更加困難，但也往往只造成較低的傷亡。

如今已經證明，即便西方對穆斯林國家的重大入侵行動，也無法驅使夠多穆斯林投向伊斯蘭主義革命者的懷抱，那麼這些襲擊還有什麼戰略目的可言？我們想不出任何目的：這些活動雖然曾有一套連貫的戰略邏輯，但現在已變得徒勞無功、毫無意義。為什麼伊斯蘭主義激進分子仍未就此罷手？或許是因為對意識形態的執著奉獻或對異教徒的仇恨；因為這些行動賦予他們生命的意義；因為他們想不出別的事可做。伊斯蘭主義的恐怖活動無疑會在其「有效期限」過後很久仍持續存在，但世代的更替或許終會令它消失。

即使是擁有所謂「大規模毀滅武器」的恐怖主義，也還不到構成生存威脅的程度。日本的奧姆真理教一九九五年成功在東京地鐵釋放沙林神經毒氣，也僅有十二人喪生。化學和生物武器在實際操作上的問題都在於如何擴散；恐怖分子若使用釘子炸彈，反而可以用較少力氣得到更好的效果。

恐怖分子手中若握有核武，會是一個嚴重許多的問題，但單一核彈的引爆將是個區域性的災難，其規模相當於一八八三年的喀拉克托（Krakatoa）火山爆發或一九二三年的東京大地震。我們當然要全力預防這種情況發生，但即使未來某個時刻一枚核彈在某個不幸的城市引爆，也不大可能讓全世界陷入驚慌而做出符合恐怖分子期望的事——他們最希望的就是過度反應。恐怖主義是一種政治上的柔術，弱小的團體利用他們僅有的有限武力，來誘騙比他們強大許多的對手——通常是國家——以傷害對手目標、卻有利於恐怖分子自身目的的方式做出回應。

這個世界曾經有四十年的時間，每天都生活在全球核武浩劫的威脅之下，那樣的浩劫可能一舉摧毀數百座城市，奪走數億條性命。因此，這個世界也能接受一個遙遠的可能性：在某一天，某個恐怖組織可能取得一枚核子武器，並為某座城市帶來可怕的災難。重點是不要恐慌，也不要失去耐心。

恐怖主義恐怕不是從九一一開始的，它也會存在很長一段時間。聽到對恐怖主義宣戰的宣告時我很驚訝，因為恐怖主義已經存在三十五年了……，〔而且〕只要有人心懷不滿，它就會繼續存在。我們可以做一些事來改善這個情況，但恐怖主義永遠都會在。把它當成一場戰爭來討論可能會造成誤導，彷彿你可以用某種方式擊敗它。

——史黛拉・利明頓（Stella Rimington），前英國軍情五處處長，二〇〇二年九月[7]

第 10 章

戰爭的終結

回到過去

> 對人類來說，好消息是，似乎和平的條件一旦建立，就可以維持下去。如果狒狒都能做到，我們為什麼不能？
>
> ——法蘭斯・德・瓦爾（Frans de Waal），艾默里大學葉克斯靈長類研究中心（Yerkes Primate Center, Emory University）

大約三十年前，肯亞的「森林部落」（Forest Troop）狒狒群中發生了一場大災難。群體中最強悍的雄性狒狒經常會到附近一個遊客度假中心的垃圾堆覓食。有一天，牠們全吃了感染牛結核的肉，之後很快就死亡，只留下那些較沒有攻擊性的雄性——牠們會避開垃圾堆，因為那裡經常發生和另一個狒狒群的爭鬥。而森林部落的整個文化從此改變。

當神經科學家羅伯・薩波斯基（Robert Sapolsky）在一九七九至八二年間首次研究森林部落時，它仍是個典型、極度殘暴的狒狒社會。公狒狒通常都非常執迷於地位，以致牠們隨時處於一觸即發的攻擊狀態——而且牠們不只攻擊地位相當的雄性對手。階級較低的雄性也經常受到罷凌和恐嚇，甚至體重只有雄性一半的雌性也經常遭到攻擊。但在這些霸凌者大量死亡之後，倖存的成員變得放鬆，開始較友善地對待彼此。

公狒狒仍會與同階級的雄性打鬥，不過牠們不再毆打社會地位較低的同伴，也完全不攻擊母狒狒。所有狒狒都花更多時間彼此梳理毛髮、依偎在一起和從事其他友善的社交行為，即使是階級最低的個體，牠們的壓力程度（透過荷爾蒙樣本測量）也遠低於其他的狒狒群體。最重要的是，這些新的行為已在群體文化中生了根。

公狒狒壽命很少超過十八年，因此原本那場大災難中地位較低的倖存者如今早已不在。而且由於公狒狒必須離開出生的群體去加入不同的群體，森林部落中公狒狒的性格分布必定已經回到正常狀態，從有支配傾向的阿爾法雄性，到膽怯順從、通常永遠沒有機會的魯蛇都有。然而，這個群體的行為並沒有回到狒狒的常態：侵略性仍然相對較低，隨機攻擊社會地位較低者和雌性的情況也很罕見。[1]

我們靈長類在文化上極具可塑性和適應性；即使是狒狒也不會被基因束縛在其社會那種凶狠好鬥的行為規

狒狒和神經科學家薩波斯基

範中。人類如今相當舒適地生活在稱為國家的偽群體裡，這些國家可能比我們祖先在文明興起前生活的群體大上一千萬倍。我們從猴王式的暴政，到狩獵採集者時代的平等，然後隨著文明的演進，又回到差距極大的軍事化階級制度，如今再度回到了經過大幅修改的平等主義形式。只要有正確的誘因，要讓我們自己擺脫戰爭應應該非不可能。而且，我們確實已經得到了正確的誘因。

歷史的假期即將結束？

> 你可以說，相較於第二次或第三次世界大戰，第一次世界大戰更真的是一場如果人們知道會發生什麼事，就不會去進行的戰爭。至於第二次世界大戰——人們知道得比較多，但仍接受了。而第三次世界大戰——唉，某種意義上他們什麼都知道，他們知道會發生什麼，卻什麼也不做。我不知道為何會如此。
>
> ——亞倫．泰勒（A. J. P. Taylor），《第二次世界大戰的起源》（*The Origins of the Second World War*）作者

當泰勒在一九八二年說出這番話時，引起了那一個世代人的強烈共鳴，他們一生都在

等著第三次世界大戰發生。然後，蘇聯解體和冷戰結束讓大多數人相信第三次世界大戰再也不會發生，彷彿戰爭沒有系統性的成因，唯一會發生的理由就是邪惡的蘇聯。隨後一整個世代的人，大部分人只擔心種族清洗的爆發和偶爾的恐怖攻擊。依然發生的小規模戰爭，並沒有真正威脅到已開發國家，可以根據當時的道德氛圍來決定處理或不處理。然而現在，對核戰的恐懼又回來了，或至少是短暫到訪，新一代的人們正在學習威懾戰略的詞彙。但整體而言，仍然只有在國際體系內工作或是研究國際體系的人——外交官和職業軍人、某些政治人物和一些歷史學家——才會了解正是體系本身的結構，造成了我們現在稱為世界大戰的大國衝突循環。

我們並沒有完全浪費掉冷戰結束後所獲得的那段相對和平的時期。由美國領導的聯合國行動在一九九一年驅逐了占領科威特的伊拉克入侵者，這是自四十年前的韓戰以來，聯合國首次透過軍事行動來執行其反侵略規則。

在一九九〇年代，聯合國保護獨立國家主權的規則多次被改動，讓國際軍事干預得以防止種族屠殺（儘管在盧安達和東剛果發生的最嚴重案例遭到忽略）。但對於增強安理會權威或建立多邊主義慣例，實際上卻做得很少，因為在此時已成為全球唯一超級大國的美國，單邊主義的思潮已甚囂塵上。

在美國看似贏得冷戰勝利之後，產生某種程度的傲慢是可以預期的；甚至在這之前，對國家軍事力量的頌揚就已是華府政治文化的一部分。二〇〇一年，這種傲慢和軍國主義融合為一個美國霸權計畫，通常被稱為「美國治世」（*pax americana*）[39]，擁護該計畫的新保守主義者最終在小布希（George W. Bush）總統任內掌控了美國的軍事和外交政策。布希政府對多邊主義機構展開持續的攻擊：它退出「反彈道飛彈條約」，試圖破壞國際刑事法庭的運作，否決讓反生化武器的公約更具執行力的修正案，並以二〇〇一年九月十一日的恐怖攻擊為藉口，在二〇〇三年入侵伊拉克，這也構成了對安理會權威的蓄意攻擊。

到了布希第二個任期結束的二〇〇八年，一九九〇年代的任何進展，尤其是大國之間的互信，都已消失殆盡。二〇一七年川普就任總統，帶來美國對多邊主義機構的新一波攻擊，而雖然拜登總統顯然有所改善，但他曾代表的「華盛頓共識」（Washington consensus）[40]式外交政策，並不適合我們可能面對的未來。歷史的假期可能即將結束。

三大改變

目前正在發生的三大變化，可能讓國際體系重新陷入過去的混亂：即全球暖化、新興大國的崛起和核武擴散。我們為維持和平所設計的搖搖欲墜的體系，將承受嚴峻的壓力。

全球氣溫上升對熱帶和亞熱帶地區糧食生產將帶來的災難性影響，至少會比溫帶地區富有國家感受到類似衝擊早一個世代出現。其後果將是靠近赤道的國家出現饑荒，以及數以百萬計的絕望難民潮試圖湧入已開發國家。邊界當然會緊急關閉，但為了擋住如此龐大的人潮，唯一的方法可能是對試圖闖越邊界的人進行某種「殺雞儆猴」的殺戮。最終結果很可能是國際合作的普遍瓦解（包括處理氣候變遷的合作），因為當一個國家殺害另一個國家的公民時，國家之間將很難達成協議和妥協。

同時，國際體系也將試圖適應新興大國的崛起，以及大多數現有大國的相對衰退。在二〇四〇年的世界，晉身超級大國地位的門票將極其簡單而殘酷：只有人口接近或超過五億的次大陸[41]規模國家才有資格。符合條件的候選人只有三個：美國、中國和印度。

印度在下一個世代內幾乎不可能有機會超越另外兩位候選人，因此採取了顯而易見的策略——與美國建立某種形式的聯盟。印度已經在一九六二年和中國發生過一次邊界戰爭，而「敵人的敵人就是朋友」。

中國在其大部分的歷史中，都是中國人所知的世界中無可爭議的超級大國，而許多中

39 譯註：拉丁文字義為American Peace（美式和平）。

40 譯註：原本是一九八〇年代末援助東歐和拉美經濟轉型危機的一套「解方」，主要內容為美式新古典自由主義，透過金融自由化、去管制化，加速資本主義化，輸出美式資本主義，以維持經濟體系之穩定。

41 編按：面積比洲小，在地理或政治上又自成格局的陸地。

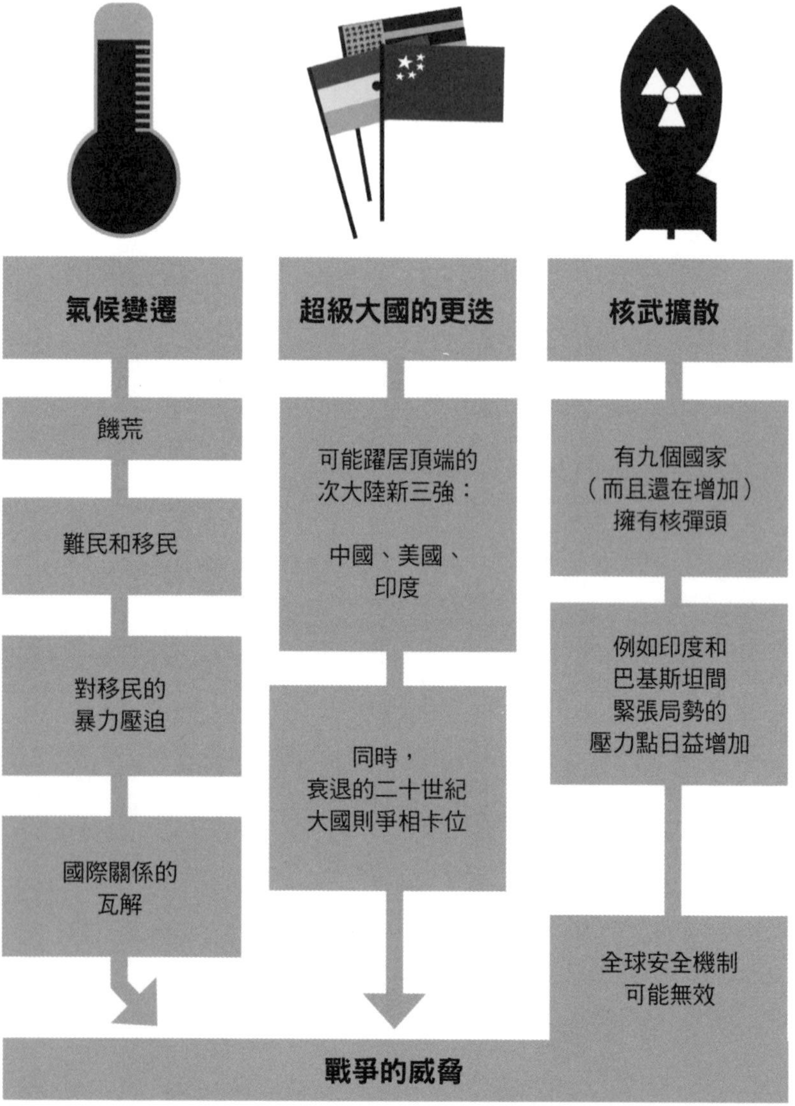
氣候變遷
饑荒
難民和移民
對移民的暴力壓迫
國際關係的瓦解
超級大國的更迭
可能躍居頂端的次大陸新三強：
中國、美國、印度
同時，衰退的二十世紀大國則爭相卡位
核武擴散
有九個國家（而且還在增加）擁有核彈頭
例如印度和巴基斯坦間緊張局勢的壓力點日益增加
全球安全機制可能無效
戰爭的威脅

國人對過去三個世紀喪失這種地位心存不滿。因此他們相信，在一個公正的世界裡，中國應該恢復那個地位——而如果正義無法自動實現這個結果，也許就需要一點幫助。

然而，中國並不是像十六世紀的西班牙或二十世紀的日本那樣的典型擴張主義強權。它提出的領土主張也並未超出它曾經主宰的地區，這些主張對中國的利益來說，也沒有重要到必須為之拚死一戰的程度。儘管如此，它日益增強的軍事力量和經常表現出的好戰措辭確實令鄰國感到緊張，而我們知道這種情況在過去通常會導致什麼結果。

另一方面，中國或許永遠不會超越美國，因為過去十年中，它的經濟成長大幅趨緩，它的人口也將面臨急劇下降。當前的中國政權永遠不會放棄對台灣的主權（任何繼任者也幾乎不可能會），但目前的勢力均衡狀態並不鼓勵北京採取冒險主義行動。

就如上一次的大國對抗——冷戰一樣，這次對抗可能是可控的，且最終以和平收場。在過去，戰爭是國際體系以犧牲衰退大國利益，來滿足新興大國需求的正常調整方式，但沒有人願意用二十一世紀的武器再重新經歷這一切。

最後，核武正在擴散。在一九四五年到一九六四年之間，聯合國安理會的「五大常任理事國」——美國、蘇聯、英國、法國和中國——都進行了首次核武試驗，而另外一個國家以色列，則是秘密發展了核武，但並未公開測試。此後經過很長一段時間的延遲，才出現其他核武國家。

在一九七〇年代後期或一九八〇年代的不同時間點，阿根廷、巴西、南非、伊拉克、伊朗和北韓都展開了核武計畫，但只有北韓的計畫發展出實際的核威懾武力。由於北韓人清楚理解威懾的概念，特別明白只需具備把一、兩枚核武送到美國城市的能力，就足以保護他們免受美國攻擊，因此他們可能維持較小規模的武力，且最終可能被華盛頓視為不具威脅性。遺憾的是，印度和巴基斯坦的情況並不一樣。

印度在一九七四年測試了第一次的「和平的核子爆炸」(peaceful nuclear explosive)，表面上是為了民用工程計畫，但其實是為了製造對抗中國核武的威懾武力（兩國在一九六二年曾爆發短暫的邊界戰爭）。與此同時，巴基斯坦在過去二十五年間和印度打了三次戰爭都失敗，覺得一定要迎頭趕上，於是也展開自己的秘密核武計畫。這場

北韓於平壤公開展示潛射彈道飛彈，2017年4月15日

競爭在一九九八年達到高峰，先是印度，接著是巴基斯坦，都公開測試了六枚核子武器。兩個國家目前尚處於核武軍備競賽中的**「不用就輸」**（use 'em or lose 'em）[42]（也稱為「預警即發射」〔launch on warning〕）的階段，在此階段，雙方相對缺乏保護的核武（各約有一百五十枚核彈頭）都極易受到先發制人的突襲，以致絕大多數遭到摧毀。此外，他們對於來襲的攻擊的預警時間可能只有短短四分鐘，而非美國和蘇聯在冷戰高峰時期擁有的至少十五分鐘。如果兩國已經處於熱戰狀態（如同他們在過去半個世紀發生過三次的狀況），螢幕上又出現了來襲飛彈軌跡的光點，那麼要判定這些軌跡是否真實，時間就非常緊迫。一場全面核武交火對印度和巴基斯坦來說已經是夠糟糕了，但如果這些武器中有一大部分被用於攻擊城市，可能會同時造成一百個火風暴，那麼我們所有人或許都會發現自己至正處於全球核冬天的邊緣了。

〔印度在二〇一九年八月取消喀什米爾特殊地位的決定〕將帶來後果……。如果爆發一場傳統戰爭，任何事都可能發生。我們會戰鬥，而當一個擁有核武的國家戰鬥到

42 譯註：指的是核武器尚未儲存至地下掩體或海上船艦以妥善保護的階段。原本的字面意思是「不使用它（核彈），就會失去它」，形容的是一旦從雷達等預警設施得知敵方攻擊我方的核武，就必須立即動用核武（use 'em），否則等於喪失核武（or lose 'em）的情境。

底時，造成的後果將遠遠超越邊界。它將對全世界產生影響。

——巴基斯坦總理伊姆蘭．可汗（Imran Khan）在聯合國大會的發言，二〇一九年九月二十七日[2]

過去四十年來，全世界在核武擴散方面的紀錄不算太壞：只增加了三個國家，讓總數達到九國。在一九四五年廣島原爆後，我們開始建立的防止實際使用核武的「防火牆」，已經撐過了四分之三個世紀。但若想在本世紀剩餘的時間裡避免全球核武戰爭這種一級災難，將需要良好的管理和好運氣。

建構國際機構的困難

夢想我們可以直接躍入某個世界政府和普世兄弟情誼的烏托邦是毫無意義的。我們必須在現有的國家體系脈絡下解決戰爭的問題。在實務上，這代表要維護和擴展我們自二戰結束後一直在建立（儘管經歷多次中斷和失敗）的多邊主義體系。必須將崛起的大國吸納到一個強調合作並為他們預留空間的體系中，而非一個以對抗和赤裸軍事力量解決問題的體系。

當然，這正是我們幾世代以來一直嘗試去做的事，儘管成效非常有限。但在這段時間內都沒有人提出更貌似可信的想法，也顯示沒有更輕鬆的道路可走。

迫使每個國家為戰爭武裝自己的國際無政府狀態，有一個如此明顯的解決方案，以致它在一九一八年的第一場全面戰爭之後幾乎是自然而然就出現了。大家需要的，顯然是世界所有國家的主權共享，至少在涉及戰爭與和平的事務上；於是，一次大戰的戰勝國迅速創立了國際聯盟（League of Nations）。但魔鬼藏在細節裡：世界各國聯合起來威懾或懲罰某個自行其是的侵略國，這個想法在原則上是好的，但是誰來定義侵略者？又是誰要付出制止它所需的金錢和生命代價？

國際聯盟的每個成員國也都知道，如果這個組織獲得真正的權威，最終可能被拿來對付自己，因此沒有主要國家的政府願意讓它擁有實權。結果他們得到了二次世界大戰，這場戰爭在人命和金錢上的代價如此慘重，因此戰勝國在一九四五年做了第二次嘗試，要創建一個真正有能力防止戰爭的國際機構。二次世界大戰的勝利者是一群受到驚嚇的人。當他們於一九四五年在舊金山坐下來協商聯合國憲章時，實際上已把戰爭定為非法行為。新的聯合國憲章禁止對另一個國家使用武力，除非是出於嚴格定義的自我防衛或遵照安理會的命令——而且發布這些命令也只能是為了阻止某個國家攻擊另一個聯合國成員國。就這樣：我們就從糟糕的舊時代，一口氣躍入了一個禁止戰爭的法治新世界。

但並不完全是如此。大家都明白，聯合國的創立是一個百年計畫的啟動。這場史上最慘烈戰爭的倖存者對他們試圖要做的事一點也不天真。證據就是他們在執行規則上所展現的殘酷現實主義。

一般國際條約都會假裝所有主權國家都是平等的。聯合國憲章可不是這樣：它給予一九四五年五個戰勝的大國——美國、英國、法國、蘇聯和中國——在安全理事會中的常任理事國席位，而其他國家只能輪流擔任兩年任期的非常任理事國。要下令對被指控侵略的國家採取軍事行動，大國們必須說服足夠的非常任理事國，在十五個成員國組成的安理會取得多數票，但就算贊成的一方是十四比一的多數，五大國中的任何一國還是可以動用否決權。制定這些規則的人很坦率地承認，這些大國比其他國家更平等，而這是因為他們很認真地想讓這個新體系發揮功效。

說服大國簽署這些規定是棘手的事。他們被要求放棄一個經常讓他們在世界上得其所願的工具——軍事力量。他們知道自己有一天也可能在大國戰爭中被摧毀，因此改變國際規則符合他們自身的長期利益，但這等於是要他們放棄手中的鳥去換取一隻樹叢中的鳥。幫助他們跨越這個障礙的就是否決權：它意味著聯合國永遠不能對任何一個大國採取行動，實際上等於免除他們遵守新國際法的義務。至於其他國家則必須遵守。如果安理會認定他們的行動對和平構成危險，他們可能就要面對一支在聯合國旗幟下行動的國際部隊。

這樣的事曾發生在一九五〇年的北韓，以及一九九〇年的伊拉克。

大國也應該遵守國際法，否則他們也可能面臨各種沉重的壓力，但無法以軍事方式懲罰他們。他們只要否決任何譴責他們的安理會決議就好。（到二〇二二年三月為止，俄羅斯〔蘇聯〕共動用了一百二十次否決權，美國八十二次，英國二十九次，法國十六次，中國也是十六次。）

儘管有這些務實的措施，聯合國仍然沒有發揮作用。短短幾年內，安理會的五個常任理事國就分裂成兩個敵對的軍事陣營，這是戰勝國在大戰後經常會做的事。如果他們沒這麼做，才是歷史上的大驚奇。

俄羅斯駐聯合國大使投票反對美國調查關於敘利亞涉嫌使用化學武器的決議案，2018年4月10日。

戰爭罪

二次世界大戰之後的另一項重大創新是「戰爭罪行」（war crimes）審判。這無疑是「勝利者的正義」：一些用來起訴德國和日本高層官員和軍官的法律條文，在所謂的罪行發生時根本還不存在，但這是一項大膽且部分成功的嘗試，目的是即使在戰爭的殘酷和混亂中，也要界定和執行適當的行為。堪稱神奇的是，結果勝利一方的指揮官們竟然沒有犯下任何戰爭罪。

> 我在某個地點進行戰鬥。我有一支部隊正在向前推進。我有一部坦克被德國人擊毀。坦克裡的四個人跑出來，沒有受傷但被震昏了。他們沒朝我們的陣線跑回來，反而是往德國的陣線跑去。那裡的德國人用機關槍當場把他們殺了。我的一些士兵看到這一幕，然後說：「他們不給他們一點機會就殺了他們。這是不對的。」
>
> ——賈克・德克斯崔斯少校（Major Jacques Dextrase），皇家山步兵團（Fusiliers Mont-Royal）

在一九四四年八月上述事件發生時，德克斯崔斯是一名二十四歲的少校軍官，在諾曼地指揮一支法國—加拿大聯軍的步兵連。

好了。戰鬥持續，我們俘虜了一些敵軍。我指派一個人把戰俘帶去後方。當這個負責的人押送戰俘來到一座橋前時——他已經讓他們跑了將近三英里——他說：「不行，你們這些人炸毀了一堆橋，你們得游過去。」嗯，你可以想像一個跑了三英里的人還要試著游泳會怎樣……他們大部分人都淹死了。

而當我坐著吉普車經過附近，我看到了三十、四十、五十具溺斃者的屍體……我想知道發生了什麼事，但我沒問太多問題……。我在部隊內部採取了行動，但我沒有對外發布任何有關我的行動的新聞稿。

因此當我看到紐倫堡審判時，我對自己說：「聽著，你很幸運是我們贏了。」因為如果情況反過來的話，我也會坐在那裡：是我要為部屬的行為負責。

德克斯崔斯是個好軍人，他最後晉升到加拿大武裝部隊的最高階將領和國防參謀長。除了越戰之外，加拿大參與了二十世紀西方國家的每一場戰爭，且在那段時期，軍人的人均死亡率近乎美軍的兩倍。儘管一八九九年和一九〇七年的海牙公約已對部分戰爭罪行做出明確規範，但直到一九四四年，當德克斯崔斯在自己的部隊裡發現戰爭罪行時，在實務上仍沒有管道可以求助或報告。行政處罰和掩蓋錯誤已是他能採取的最好做法。

一九四七年的紐倫堡原則（The Nuremberg principles）和一九四九年的日內瓦公約（Geneva Conventions）改變了這個情況，此後，戰爭罪行起訴案件的數量大幅增加。大多數西方武裝部隊，至少每年會提醒其成員在戰爭時期的法律義務。因此，當澳洲軍方發現其部隊在阿富汗犯下戰爭罪時，其反應便截然不同。

> 他們單純就是嗜血的傢伙。心理變態。完全的心理變態。而且是我們培養出來的。
>
> ——澳洲軍人談論澳洲特種空勤團（SAS）在阿富汗的謀殺行為

澳洲部隊自二〇〇一年至二〇二一年幾乎持續駐紮在阿富汗，參與美國主導的聯軍，支持美國扶持的政府對抗塔利班和其他伊斯蘭反叛勢力。當關於澳洲精英特種空勤團部隊行為的風聲傳到特種作戰指揮官傑夫·森格爾曼（Jeff Sengelman）的耳中時，他便委任平民身分的軍事社會學家薩曼莎·柯洛姆沃茨博士（Dr Samantha Crompfoets）調查特種部隊的文化。根據她在二〇一六年進行的訪談證據（其中之一如前文所引述），澳洲國防軍總監察長成立了一個獨立調查委員會，由預備軍官兼新南威爾斯上訴法院法官保羅·布瑞列頓（Paul Brereton）少將主持，展開正式的調查。

布瑞列頓在二〇二〇年十一月提交了一份經大幅刪減的報告，發現有可靠證據顯示，在二〇〇七年到二〇一三年之間，二十五位被指名的澳洲特種空勤團士兵殺害了三十九名阿富汗人——包括戰俘、農夫和其他平民。報告中說，所有這些殺戮事件都不是發生在激烈的戰鬥中，而且全都發生在如果被陪審團接受、就是構成戰爭謀殺罪的情況下。這些行為大多數是「戰士文化」導致的後果，在這種文化中，下級士兵會在他們的巡邏指揮官（通常是資深士官）命令下，射殺一名俘虜來「見血」（即第一次殺人）。之後他們會把「栽贓物」[43]（繳獲的武器和無線電）放在受害者屍體旁並拍照，製造「掩護故事」以供任務報告使用。另外，在烏魯茲甘省（Uruzgan）的特種空勤團基地內設立的非官方酒吧「胖女士的臂膀」裡，士兵們會用一隻取自塔利班戰士屍體的中空義肢來喝酒。

在一場回應布瑞列頓報告的全國電視轉播中，澳洲國防軍總司令安格斯・坎貝爾（Angus Campbell）將軍接受了布瑞列頓提出的全部一百四十三項建議，將報告轉交給澳洲聯邦警察進行刑事調查，向阿富汗人民道歉，譴責這種被容許在特種空勤團內部盛行的「可恥的」和「有毒的」文化，並支持未來部署特種部隊時強制在頭盔或身上配戴攝影機的呼籲。這樣的表現不能說完美——他對於會追究責任到指揮鏈多高的層級有些含糊——但已是相當

43　譯註：「栽贓物」（throwdowns）是指為了誤導調查而放置在犯罪現場的武器，特別是在受害者擁有武器才有正當理由使用致命武力的情況下。

不錯了。

無可避免會出現民族主義的反彈。坎貝爾試圖撤銷整個特種行動任務小組的「功勛單位嘉獎」，這讓那些想轉移公眾對戰爭犯罪的注意力的人，把焦點放到從二〇〇七年到二〇一三年間在相同單位服役的其他三千名澳洲人據稱感受到的傷害上。坎貝爾肯定知道會發生這種情況，但他還是堅持這麼做。

德克斯崔斯和坎貝爾回應方式間的巨大差異，並非人格或國籍的問題，而是時代的問題。儘管戰鬥環境下的道德問題很複雜，但軍方願意對其成員的犯罪行為究責的態度，已經逐漸出現轉變，這確實源自於二次大戰之後對於戰爭法的釐清和擴充。一點一點地……

難以放棄的國家利益與獨立性

> 政府要實際準備好接受一個國際機構對其國家政策的限制，會需要很長一段時間——尤其是你往往會面對國內巨大的反對聲浪。
>
> ——布萊恩．厄克特（Brian Urquhart），前聯合國副秘書長

這股「巨大的反對聲浪」，目前正體現在各個民主國家（美國、英國、巴西、波蘭、匈

牙利、印度、菲律賓）所選出的民粹主義與民族主義政府中，但頭號民粹主義者川普已經敗選下台[44]，而這情況也不比一九八九年的那些非暴力反共革命更像「歷史的終結」。當今世界有著單一的全球性文化，雖然有數百種在地變體，但仍有足夠的一致性，可能被一波波政治風潮席捲，而當前的民粹主義風潮不太可能成為最終定論。在未來某個時刻回顧，我們甚至可能慶幸，這股風潮在情勢真正變得困難之前就已過去了。

並不是說聯合國應該從一開始就成功，但它卻失敗了。相反地，它註定會是相對的失敗，而我們也無需因此絕望。即使經歷數十年，也必然只能用微小的步伐來衡量它的進展。渴望出現某個能夠改變人心、讓我們擺脫對國家利益與權力的執念的「全球甘地」，是毫無意義的。

我們之所以如此行事的原因並非（僅是）愚蠢或微不足道。我們永遠不可能得到我們想要的一切。也正因為如此，相鄰的國家始終處於可能發生戰爭的狀態，正如兩萬年前的鄰近狩獵採集部落一樣。

如果必須設計一套不同的解決紛爭辦法的時刻已經到來，那只能透過世界各國政府的合作來實現，因為正是國家政府的絕對獨立使戰爭成為可能。遺憾的是，不信任的氛圍無

44 編按：本書中文版出版時，川普已再度當選美國總統。

所不在，即使是最微小的利益，各國也很少允許由一群外國人來替他們決定。

民族主義者對一個強大的聯合國可能代表的意義有所擔憂是有道理的。創立聯合國是要結束戰爭——套用達格・哈瑪紹（Dag Hammarskjold）的說法：「不是要帶領人類上天堂，而是要將他們從地獄中拯救出來。」聯合國的創始者知道，要保證每個國家安全、不受鄰國攻擊，對國際爭端做出決定並**執行這些決定**，就需要擁有一個由聯合國指揮的強大武裝力量——而實際上，聯合國憲章確實也為這樣一支部隊做出了規定。

一丁點的原則，一大堆的權力

> 沒有武力的正義毫無用處。
>
> ——十七世紀法國哲學家布萊茲・巴斯卡（Blaise Pascal）[3]

這正是聯合國從未能按照其設計而運作的真正原因：一個真正有效的聯合國將擁有強制各國政府的權力，因此各國政府自然拒絕讓它出現。他們知道該做什麼才能夠結束國際間的戰爭——最晚到一九四五年就該知道了——但還不願意去做。他們擔心，在未來的某個時刻，一個變得過於強大而無法抵抗的聯合國所做的決定，可能會損害他們自身的利益，這種憂慮強烈到讓他們寧願繼續承擔戰爭的風險。

現在的聯合國當然不是理想主義者的樂土，但一個真正有效運作的聯合國，可能會讓理想主義者更不自在。聯合國仍將是它一直以來的樣子——由盜獵者轉行成巡守員的群體組成的聯盟，而非一群聖徒的集會——它也不會根據某種公正無私的正義標準來做決定。一個全人類都認同的公正無私的正義概念並不存在。無論如何，在聯合國做決定的並不是「人類」，而是政府，它有自身的國家利益要保護。如同現在一樣，他們會透過高度政治化的過程來做成決定，而這個過程之所以能維持在理性的範圍內，只因為他們有一個共同的認知：絕不能嚴重損害任何一個強大成員國或成員國集團的利益，以致破壞那維繫和平、遏止戰爭的基本共識。

我們不應對此感到震驚。全世界國家的政治都是以同樣的組合在運作：一丁點的原則，一大堆的權力，以及對無情行使那些權力的最後節制，那份節制是基於避免內戰及維護國家立國根本共識的需要。在國家的層面上，我們同意接受一個遙遠而笨拙的政府施加的約束與不便，是因為從最終結果看來利大於弊：它給我們帶來國內和平，保護我們免受其他國家社群的競爭野心所害，並提供一個大規模合作的框架，以利我們這個社會追求自己設定的任何目標。

同樣的論點用於支持一個國際權威應該同樣有力，但世界上沒有任何一個主要國家獲得廣泛民意支持同意將主權交給聯合國。大多數人都不願接受戰爭和國家主權密不可分的事實，而要擺脫其中一個，他們必須放棄另一個的很大一部分。絕大多數的個人都堅信自己的國家應該擁有完全的獨立性。

有趣的是，這種信念在政府內部甚至不如在他們所統治的人民之中那麼強烈。聯合國並不是因為民眾的需求而成立的；它是由對自己所走的道路感到驚慌、且無法忽視局勢的嚴峻現實的政府所創立的。如果他們無需擔心民眾的反應，幾乎所有國家的外交專業人士都會做出最低限度的必要讓步，來創設一個有效運作的世界權威機構。基於同樣原因，較深思熟慮的軍事專業人士也會同意。

障礙在於「人民」：國內對任何放棄獨立性的巨大阻力。政治人物也是障礙，因為即使他們本身理解現狀的現實（許多人並不了解，因為他們的背景通常是內政議題），政治人物也無法承擔領先他們所領導的人民太遠的風險。儘管如此，仍然有一些進展。

我們必須先控制現代民族國家，否則它將控制我們。

——美國作家德懷特・麥唐納（Dwight MacDonald），一九四五年[4]

如果說廢止大國戰爭和建立國際法是一項百年工程，那麼我們的進度有點落後。但我們已有了實質的進展。第三次世界大戰並未發生，這至少有一部分要歸功於聯合國，為大國提供了一個從他們最危險的對峙中退出而不失面子的方法。聯合國憲章禁止以武力改變領土邊界並未阻止所有的邊境戰爭，但也沒有一次強制重劃任何國家疆界的行為得到國際上的廣泛承認（包括俄羅斯從烏克蘭奪取克里米亞和頓巴斯地區）。中型國家間的戰爭——主要是阿拉伯和以色列的戰爭，與印度和巴基斯坦的戰爭——很少持續超過一個月，因為聯合國提出的停火協議和維和部隊，為戰敗的一方提供了迅速脫身的方法。

當中也有一些重大的失敗，例如一九八〇年代伊拉克和伊朗長達八年的戰爭，這場戰爭是被刻意延長的，因為美國和俄國協助薩達姆．海珊（Saddam Hussein），希望他能

蘇聯總理阿列克謝．柯錫金（Alexei Kosygin）在1975年4月14日迎接海珊。

摧毀伊朗的伊斯蘭革命政權。例如蘇聯在一九七九年入侵阿富汗和美國在二〇〇三年入侵伊拉克等的大國行動，都是非法行為，但因為否決權制度，無法由聯合國加以處理。過去三十年大多數因衝突死亡的人都是內戰（主要是在非洲）的犧牲者，而聯合國並沒有干預內戰的權力。

若從一個較高的視角來看，杯子裡的水至少是半滿的。聯合國存續下來，成為一個永久性、包容所有國家的論壇，其成員國致力於避免或是防止戰爭——有時候也獲得成功——已經為歷史創造出一種全新的情境。

進行中的人類意識革命

不過，在一個快速升溫的世界裡，或許必須做出可怕的選擇。減緩氣溫升高的地球工程技術，對那些最接近赤道的大國至為重要，但對溫帶地區、仍有辦法再等一等的國家，可能似乎就不是優先事務——這種意見分歧可能引發那種目前似乎不可想像的大國戰爭。

相對廉價但有效、可以成群作戰的武器系統（無人機、機器人等等）的成長，正在改變戰場平衡，讓富有大國容易受到貧窮小國造成其癱瘓的匿名攻擊（最近一個例子是二〇一九年對沙烏地阿拉伯原油生產設施的無人機攻擊）。潛在的技術和戰略突襲的清單相當長：「未知的未知」[45]將永遠與我們同在。

在大眾傳播科技的推動下，我們正處於一場轉型之中，人類正在重拾其古老的平等主義傳統。雖然不太清楚為何變得更民主會讓人類變得更和平——如我們所見，平等主義的狩獵採集者也並不完全和平——但無論如何，它似乎具有那樣的效果。民主國家也會打仗，但他們幾乎從不彼此開戰。我們仍須持續調整改進制度，否則我們更平等、更連結的世界，仍有可能再次

45 譯註：出自前美國國防部長唐納·倫斯斐（Donald Rumsfeld）在回答有關缺乏證據證明伊拉克政府向恐怖組織供應大規模殺傷性武器的問題時，他說：「因為我們都知道，有些事情是已知的已知（known knowns）；我們已知道我們知道。我們也知道有已知的未知（known unknowns）；也就是說，我們知道有些事情我們不知道。但也有未知的未知（unknown unknowns），也就是是我們自己不知道的未知。環顧我們國家和其他自由國家的歷史，最後一類往往是困難的。」

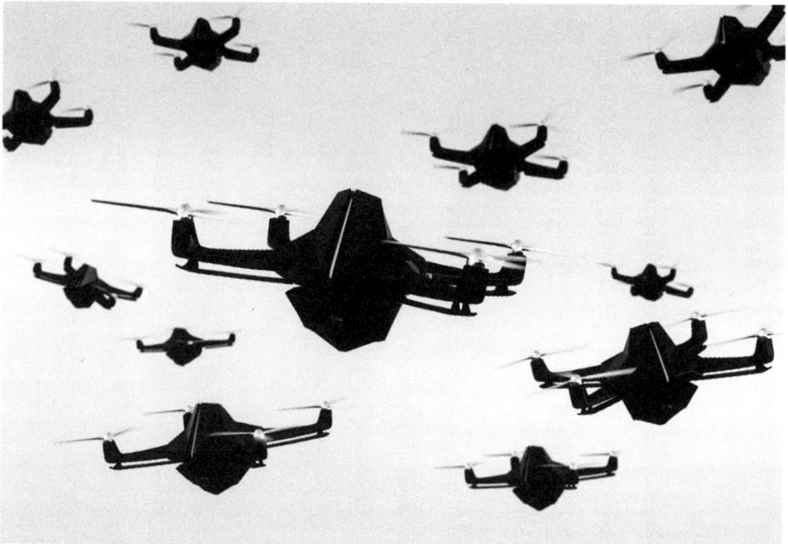

成群的偵查無人機列隊飛行，2017年

陷入戰爭，但希望依然存在。一場緩慢但可感受到的人類意識革命正在進行中。

我們一直是按照這個假設來處理事務的，亦即：有一類特殊的人被我們視為完整的人類，和我們有大致相等的權利和義務，即使發生爭執，我們也不應殺害他們。過去一萬年來，我們已經將這個類別從原本狩獵採集的部落擴大到包含越來越大的群體。首先是由血緣和共同儀式而結合在一起的數千人部落；然後是國家，其成員承認自己與數百萬他們不認識、也永遠不會見面的人有著共同的利益；而現在，最後，是全體人類。

過去的這些修正並沒有什麼理想主義色彩。它們之所以發生，是因為它們提升了人們的物質利益並確保他們的生存。這最後一次重新定義的行動也是如此：我們已經來到必須把我們的道德想像力再次擴展到納入全人類的時刻，否則我們將會滅亡。文化視角的轉變，和反映這個新視角的政治機構的創建，將需要很長的時間。很難相信我們甚至已經走到目的地的一半了。

至於國家之間永遠不會有普世兄弟情誼的論點：這其實並不必要。在任何國家之內都很難說會存在普世兄弟情誼，它又怎麼會在國家之間蓬勃發展呢？真正存在的、且如今必須擴展到國界之外的，是一種共同的認知：當我們尊重彼此權利並接受更高權威的仲裁，而不是在權力或利益出現衝突時彼此殺戮，所有人都會過得更好。在任何一年，另一場世界大戰爆發並終結人類文明的風險都很小。然而，考慮到改變的過程需要花很長的時間，累積下來的危險是極其巨大的。但這不是停止努力的理由。

> 儘管聯合國或許在許多方面都有缺陷，我認為它仍是一個絕對必要的組織。這項努力不能不去進行——它必須進行。你也清楚知道，你正在將一顆巨石推上一座非常陡峭的山坡。有時會滑落，它不時也會滾回來壓到你，但你必須繼續往上推。因為如果你不這樣做，就是屈服於你將在某個時刻再次陷入一場全球戰爭的想法，而這一次用的是核子武器。
>
> ——厄克特

接下來幾個世代人的任務，是將目前這個由獨立國家組成的世界，轉變成某種真正的國際共同體。如果我們成功創造這樣的共同體，無論它會有多麼愛爭吵、不滿和充滿不公，那麼我們將能有效廢除戰爭這個古老的制度。謝天謝地，總算擺脫了！

後記

我寫下這段文字的時間是在二〇二二年三月底，此時俄羅斯入侵烏克蘭所引發的戰爭仍在激烈進行中，結果尚未明朗。原本預期俄國會迅速取得軍事勝利，隨後烏克蘭將展開長期游擊戰對抗俄國的占領，但這樣的預期已經被俄軍出人意表的糟糕表現，以及烏克蘭守軍同樣出乎意料的堅定決心和作戰能力所推翻。此刻，各種可能性依然存在，從俄羅斯最終依靠人數和火力優勢在傳統戰爭中獲勝（隨後是不可避免的游擊戰），到俄軍在烏克蘭陷入僵局、士氣潰散，以致緩慢崩潰。透過談判達成和平是可能的，或甚至俄羅斯使用低當量的核武來表明俄國人的「耐心」已經耗盡也是可能的（普丁總統雖從未明言，但已經暗示過）。儘管我對未來一無所知，但有些事情還是相當可預測的。

首先，這場戰爭不會成為那種所謂「永遠改變世界」的事件，除非我們以某種方式設法從中引發一場全面核戰。這仍然看起來非常不可能，因為美國和它的核武盟友英國和法國都非常清楚，與俄羅斯的直接交戰將形成真正的大國戰爭，兩邊陣營都擁有核武，這是近八十年來人們一直在避免的情況。只有一邊是大國的戰爭是常見的，且不會帶來這種風險。

在這次的情況中，普丁攻打烏克蘭主要將成為俄羅斯從完全的大國地位逐漸衰落的關鍵轉折點，就如同一九五六年英國和法國對埃及發動的那場拙劣攻擊，對那兩個昔日帝國強權而言的意義一樣。

跟幾乎所有戰爭一樣，在烏克蘭也首次使用了一些新的軍事技術，但並未展現出任何重大改變。過去五十年中參與過任何傳統戰爭的老兵，對這場軍事行動的進行方式不會覺得有什麼意外之處，而傷亡的規模，就跟參戰軍隊的規模一樣，仍遠遠比不上二十世紀初的世界大戰。「網路戰」也再次無法帶來決定性、甚至是普通亮眼的成果。

二〇二二年的戰爭一個真正的新面向，是西方國家對俄羅斯實施制裁的規模和全面性。長期以來，制裁一直是那些不贊成其他國家的行為、但又不願為此開戰的國家的預設手段。因此，它對牽涉到核武大國的直接或代理人衝突來說很理想，正是因為它們本質上只是一種姿態，幾乎從未迫使制裁對象改變其做法。然而，俄羅斯入侵烏克蘭的行為極其厚顏無恥，毫無合理藉口或挑釁理由，促使西方國家出現了意料之外的團結，而祭出如此極端的制裁，以致嚴重威脅到俄羅斯聯邦的經濟穩定。

驅動這種反應的原因，倒不是擔心如果現在不阻止俄羅斯，它會征服歐洲的其他地區。俄羅斯缺乏進行任何此類行動的財政和軍事資源。這是一種遲來的覺醒：一九四五年後大致成功的禁止以軍事力量改變邊界的原則，正面臨消失的危機。

上一次成功執行這項禁令，是在一九九〇到九一年的第一次波灣戰爭，當時由美國領導、聯合國授權的多國部隊解放了科威特，並將伊拉克的邊界恢復到原來的位置。美國小布希總統（George W. Bush）在二〇〇三年以不實的藉口、未經聯合國授權便入侵伊拉克，嚴重破壞了這個規則的效力，但至少他僅止於更換政權，並未改變這個國家的邊界。普丁已經在二〇一四年以武力非法改變烏克蘭的邊界一次，而這次人們有充分理由擔心他打算徹底抹除這些邊界，將整個國家併入俄羅斯聯邦。至少外界預期他會推翻烏克蘭政府和憲法，強行安插一個由俄羅斯軍隊支持的傀儡政權。若任由這種情況發生，等於是放棄一九四五年以來的實驗，接受回到那個無法無天的過去——在那裡，只要打贏，以征服為目的的戰爭就是天經地義的事。

有些人認定國際法治現實上從來都不可行。其中的一些人設法相信，一個擁有核武和其他大規模毀滅性武器的無法治世界，仍有長遠的未來，還有一些人乾脆接受人類的本性註定會使我們滅亡。這些都是信念的問題，我無意說服他們。然而，在二次大戰後建構起來、至今仍占主導地位的國際體系，是基於理性的自身利益會引導大多數人民和國家支持法治的希望之上，而即便像戰爭這樣根深柢固的制度，只要它們不再符合人們的利益，人類文化也有足夠的可塑性能將之拋棄。哪一種觀點為真，我們終將知曉。

註釋

前言

1. Robyn Dixon, 'Drones owned the battlefield in Nagorno-Karabakh —— and showed future of warfare', *Washington Post*, 11 Nov 20.

第 I 章

1. J. Morgan, *The Life and Adventures of William Buckley: Thirty-Two Years A Wanderer Amongst the Aborigines*, Canberra: Australian National University Press, 1979 [1852], 49–51.
2. W.L. Warner, 'Murngin Warfare', in *Oceania* I :457–94 (1931).
3. N.A. Chagnon, *Studying the Yanomamo*, New York: Holt, Rinehart and Winston, 1974, 157–61; N.A. Chagnon, Yanomamo, 4th edition, New York: Harcourt and Brace: Jovanovich College Publishers, 1994, 205.
4. E.S. Burch Jr., 'Eskimo Warfare in Northwest Alaska,' *Anthropological Papers of the University of Alaska* 16 (2), 1–14, (1974).
5. Richard Wrangham and Dale Peterson, *Demonic Males: Apes and the Origins of Human Violence*, Boston: Houghton Mifflin,1996, 17
6. Stephen A. LeBlanc and Katherine E. *Register*, Constant Battles: The Myth of the Noble, Peaceful Savage, New York: St. Martin's Press, 2003, 81–85.
7. 同前，94–97.
8. Wrangham and Peterson, *op. cit.*, 65.
9. Harold Schneider, *Livestock and Equality in East Africa: the economic basis for social structure*, Bloomington and London: Indiana University Press, 1979, 210.
10. Bruce Knauft, 'Violence and Sociality in Human Evolution', *Current Anthropology* Vol. 32 No. 4 (Aug. - Oct., 1991), 391–428.
11. Christopher Boehm, *Hierarchy in the Forest*, 1999, Kindle 2119–20.

12. Richard B. Lee, *The !Kung San: Men, Women and Work in a Foraging Society*, Cambridge: Cambridge University Press, 1979.

第二章

1. John Ellis, *The Sharp End of War* (North Pomfret, VT, David and Charles, 1980), 162–64; Richard Holmes, *Acts of War: The Behaviour of Men in Battle* (London, Random House, 2003).
2. M. Lindsay, *So Few Got Through*, London: Arrow, 1955, 249.
3. Samuel P. Huntington, *The Soldier and the State*, New York: Vintage, 1964, 79.
4. S. Bagnall, *The Attack*, (London, Hamish Hamilton, 1947), 21
5. S. A. Stouffer et al., *The American Soldier*, vol. II (Princeton, NJ, Princeton University Press, 1949), 202.
6. Lt. Col. J. W. Appel and Capt. G. W. Beebe, 'Preventive Psychiatry: An Epidemiological Approach,' *Journal of the American Medical Association*, 131 (1946), 1470.
7. Bagnall, *op. cit.*, 160.
8. Appel and Beebe, *op. cit.*
9. Col. S.L.A. Marshall, *Men Against Fire*, New York: William Morrow and Co., 1947, 149–50.
10. Martin Middlebrook, *The Battle of Hamburg* (London, Allen Lane, 1980), 244.
11. https://apply.army.mod.uk/roles/royal-artillery/gunner-unmanned-aerial- systems
12. 參見 airwars.org。英國非營利組織新聞調查局（The Bureau of Investigative Journalism）提供的估計則保守許多，美國武裝無人機進行了一萬四千零四十次「最低確認襲擊」，「總死亡人數」為八千八百五十八至一萬六千九百零一人，其中只有九百一十至兩千兩百人是平民。Airwars網站也統計了未公開的美國無人機襲擊次數（包括在巴基斯坦境內的襲擊），以及俄羅斯無人機在敘利亞，土耳其無人機在伊拉克、敘利亞，與利比亞、沙烏地阿拉伯和阿拉伯聯合大公國無人機在葉門的襲擊次數等等。
13. https://www.legion.org/pressrelease/214756/distinguished-warfare-medal-cancelled
14. Patrick Wintour, 'RAF urged to recruit video game players to operate Reaper drones', *The Guardian*, 9 December 2016.
15. D. Wallace and J. Costello, 'Eye in the sky: Understanding the mental health of unmanned aerial vehicle operators', *Journal of Military and Veteran's Health* (Australia), Vol. 28, No. 3, October 2020.
16. Eyal Press, 'The Wounds of the Drone Warrior', *New York Times Magazine*, 13 June 2018.

17. Sky News interview, 8 November 2020.
18. 關於規範自主武器發展和使用的法律問題，完整討論可參見 Frank Pasquale, 'New Laws of Robotics: Defending Human Expertise in the Age of AI', Harvard University Press, 2020.

第三章

1. Robert L. O'Connell, *Ride of the Second Horseman: The Growth and Death of War* (Oxford, Oxford University Press, 1995), 64–66; John Keegan, *A History of Warfare* (New York, Vintage, 1994), 124–26.
2. O'Connell, *op. cit.*, 68–76.
3. Homer, *Iliad*, tr. Richard Lattimore (Chicago, University of Chicago Press, 1951), 65–84.
4. Samuel Noah Kramer, *History Begins at Sumer* (Philadelphia: University of Pennsylvania Press, 1981), 30–32.
5. O'Connell, *op. cit.*, 77–83; Keegan, *op. cit.*, 156–57.
6. Keegan, *op. cit.*, 181.
7. 同前，166.
8. O'Connell, *op. cit.*, 122, 165–66; Keegan, *op. cit.*, 168.

第四章

1. H. W. F. Saggs, *The Might That Was Assyria*, London: Sidgwick & Jackson,1984, 197.
2. Robert L. O'Connell, *Ride of the Second Horseman: The Growth and Death of War*, Oxford: Oxford University Press, 1995, 145–58.
3. Virgil, *The Aeneid*, trs. W.F. Jackson Knight, London: Penguin Books, 1968, 62–65.
4. 波里比烏斯的目擊記載本身已佚失，但這段阿庇安的描述是直接依據他的記載。Susan Rowen, *Rome in Africa*, London: Evans Brothers, 1969, 32–33.
5. Graham Webster, *The Roman Imperial Army*, London: Adam Charles Black, 1969, 221.
6. Herodotus, 於 *The Histories* 中描述馬拉松戰役, trs. Aubrey de Selincourt, London: Penguin, 1954, 428–29.
7. Aeschylus, *The Persians*, lines 355 ff. 為求戲劇效果，艾斯奇勒斯是從波斯陣營的角度來描述這場戰役。
8. Thucydides, *History of the Peloponnesian Wars*, London: Penguin, 1952, 523–24.
9. Keith Hopkins, *Conquerors and Slaves, Sociological Studies in Roman History*, vol. 1, Cambridge: At the University Press, 1978, 33.
10. 同前，28.
11. Edward N. Luttwak, *The Grand Strategy of the Roman Empire From the First Century AD to the Third Century AD*, Baltimore, Johns Hopkins Press, 1976, 15, 189.

第五章

1. Charles C. Oman, *The Art of War in the Sixteenth Century* (London: Methuen, 1937), 237–38.
2. 同前，240.
3. Douglas E. Streusand, *Islamic Gunpowder Empires: Ottomans, Safavids, and Mughals* (Philadelphia: Westview Press, 2011), 83.
4. Andre Corvisier, *Armies and Societies in Europe 1494–1789* (Bloomington, Indiana: University of Indiana Press, 1979), 28.
5. J. J. Saunders, *The History of the Mongol Conquests* (London: Routledge and Kegan Paul, 1971), 197–98.
6. C. V. Wedgwood, *The Thirty Years' War* (London: Jonathan Cape, 1956), 288–89.
7. J. F. Puysegur, *L'art de la guerre par principes et par règles* (Paris, 1748), I.
8. Edward Mead Earle, ed., *Makers of Modern Strategy* (New York: Atheneum, 1966), 56.
9. Hew Strachan, *European Armies and the Conduct of War* (London: George Allen and Unwin, 1983), 8.
10. Laurence Sterne, *A Sentimental Journey through France and Italy* (Oxford: Basil Blackwell, 1927), 85.
11. Christopher Duffy, *The Army of Frederick the Great* (London: David and Charles, 1974), 62.
12. Strachan, *op. cit.*, 9.
13. Martin van Crefeld, *Supplying War: Logistics from Wallenstein to Patton*, Cambridge: Cambridge University Press, 1977, 38.
14. Maurice, Comte de Saxe, *Les Réveries, ou Mémoires sur l'Art de la Guerre* (Paris: Jean Drieux,1757) 77.
15. Koch, Alexander; Brierley, Chris; Maslin, Mark M.; Lewis, Simon L. (2019). 'Earth system impacts of the European arrival and Great Dying in the Americas after 1492'. *Quaternary Science Reviews*, 207: 13–36.

第六章

1. Edward Gibbon, *The Decline and Fall of the Roman Empire* (New York: The Modern Library, 1932).
2. Maj. Gen. J. F. C. Fuller, *The Conduct of War, 1789–1961* (London: Eyre and Spottiswoode, 1961), 32.
3. R.D. Challener, *The French Theory of the Nation in Arms, 1866–1939* (New York: Russell and Russell, 1965), 3; Alfred Vagts, *A History of Militarism*, rev. ed., (New York: Meridian, 1959), 108–11.
4. Vagts, *op. cit.*, 114; Karl von Clausewitz, *On War*, eds. and trs. Michael Howard and Peter Paret (Princeton, New Jersey: Princeton University Press, 1976).

5. Vagts, *op.cit.*, 126–37; John Gooch, *Armies in Europe* (London: Routledge and Kegan Paul, 1980), 39.
5a. David Mitch, 'Education and Skill of the British Labour Force,' in Roderick Floud and Paul Johnson, eds., *The Cambridge Economic History of Modern Britain, Vol. I: Industrialisation, 1700–1860*, Cambridge: Cambridge University Press, 2004. p. 344.
6. Eltjo Buringh and Jan Luiten van Zanden, 'Charting the 'Rise of the West' Manuscripts and Printed Books in Europe, A Long-Term Perspective from the Sixth through Eighteenth Centuries', *The Journal of Economic History*, Vol. 69, No. 2 (2009), 409–445.
7. Anthony Brett-James, *1812: Eyewitness Accounts of Napoleon's Defeat in Russia* (London: Macmillan, 1967), 127.
8. Christopher Duffy, *Borodino and the War of 1812* (London: Seeley Service, 1972), 135.
9. David Chandler, *The Campaigns of Napoleon* (New York: Macmillan, 1966), 668; Gooch, *op. cit.*, 39–41.
10. Vagts, *op. cit.*, 143–44.
11. 同前，140.
12. Edward Meade Earle, ed., *Makers of Modern Strategy*, (New York: Atheneum, 1966), 57.
13. Karl von Clausewitz, *On War*, tr. Col. J. J. Graham (London: Trubner, 1873), I, 4.
14. Paddy Griffith, *Battle Tactics of the Civil War* (New Haven, CT: Yale University Press, 1987), 144–50.
15. Frank E. Vandiver, *Mighty Stonewall* (New York: McGraw-Hill, 1957), 366.
16. Col. Theodore Lyman, *Meade's Headquarters, 1863–1865* (Boston, Massachusetts: Massachusetts Historical Society, 1922), 101, 224.
17. Mark Grimsley, 'Surviving Military Revolution: The US Civil War,' in Knox and Williamson Murray, eds. *The Dynamics of Military Revolution, 1300–2050*, (Cambridge: Cambridge University Press), 2001, 84.
18. Frederick Henry Dyer, *A Compendium of The War of the Rebellion*, New York: T. Yoseloff, 1959.
19. *Personal Memoirs of General W. T. Sherman*, Bloomington, Indiana: Indiana University Press, 1957, II, 111.

第七章

1. I. S. Bloch, *The War of the Future in Its Technical, Economic and Political Relations*. 由 W. T. Stead 翻譯的英文版書名為 *Is War Impossible?*, 1899.
2. Jacques d'Arnoux, 'Paroles d'un revenant', in Lieut.-Col. J. Armengaud, ed., *L' atmosphere du Champ de Bataille*, Paris: Lavauzelle, 1940, 118–19.

3. J. F. C. Fuller, *The Second World War; 1939–1945: A Strategic and Tactical History*, New York: Duell, Sloan and Pearce, 1949, 140.
4. 同前，170; Keegan, *op. cit.*, 309.
5. Henry Williamson, *The Wet Flanders Plain*, London: Beaumont Press, 14–16. 在索姆戰役時威廉森十九歲。
6. Arthur Bryant, *Unfinished Victory*, London: Macmillan, 1940, 8.
7. Aaron Norman, *The Great Air War*, New York: Macmillan, 1968, 353.
8. Bryan Perret, *A History of Blitzkrieg*, London: Robert Hale, 1983, 21.
9. Jonathan B.A. Bailey, 'The Birth of Modern Warfare', in Knox and Murray, *op. cit.*, 142–45.
10. Sir William Robertson, *Soldiers and Statesmen*, London: Cassell, 1926, I, 313.
11. Theodore Ropp, *War in the Modern World*, rev. ed., New York: Collier, 1962, 321, 344.
12. Guy Sajer, *The Forgotten Soldier*, London: Sphere, 1977, 228–30.
13. Giulio Douhet, *The Command of the Air*, London: Faber & Faber, 1943, 18–19.
14. Max Hastings, *Bomber Command*, London: Pan Books, 1979, 129.
15. Martin Middlebrook, *The Battle of Hamburg*, Allan Lane: London, 1980, 264–67.
16. Craven and Cate, *US Army Air Forces*, Chicago: University of Chicago Press, 1948, vol. 5, 615–17.
17. H. H. Arnold, *Report... to the Secretary of War; 12 November 1945*, Washington: Government Printing Office, 1945, 35.
18. Leonard Bickel, *The Story of Uranium: The Deadly Element*, London: Macmillan, 1979, 78–79, 198–99, 274–76.

第八章

1. Bernard Brodie, ed., *The Absolute Weapon: Atomic Power and World Order*: New York: Harcourt Brace, 1946, 76.
2. Fred Kaplan, *The Wizards of Armageddon*, New York: Simon & Schuster, 1983, 26–32.
3. 同前。
4. Gregg Herken, *Counsels of War*, New York: Knopf, 1985, 306.
5. Kaplan, *op. cit.*, 133–34.
6. Herken, *op. cit.*, 116.
7. Gerard C. Smith, *Doubletalk: The Story of the First Strategic Arms Limitation Talks*, Garden City, N.Y.: Doubleday, 1980, 10–11.
8. Desmond Ball, 'Targeting for Strategic Deterrence,' *Adelphi Papers*, No. 185 (summer 1983), London: International

Institute for Strategic Studies, 40.

9. *New York Times*, 12 May 1968.

10. Herken, *op. cit.*, 143–45; Ball, *op. cit.*, 10.

11. Kaplan, *op. cit.*, 242–43, 272–73, 278–80; Herken, *op. cit.*, 51, 145; Ball, *op. cit.*, 10–11.

12. Robert F. Kennedy, *Thirteen Days: A Memoir of the Cuban Missile Crisis*, New York: Norton, 1968, 156.

13. 取自 *The Fog of War*

14. See 'The Cuban Missile Crisis, 1962: A Political Perspective After Forty Years,' in *The National Security Archive of The George Washington University* (website) at http://www.gwu.edu/~nsarchiv/nsa/cuba_mis_cri/

15. McGeorge Bundy, George F. Kennan, Robert S. McNamara and Gerard Smith, 'The President's Choice; Star Wars or Arms Control,' *Foreign Affairs* 63, no. 2 (Winter 1984–85), 271.

16. Carl Sagan, 'Nuclear War and Climatic Catastrophe: Some Policy Implications,' *Foreign Affairs*, Winter 1983/84, 285.

17. Turco, R.P., Toon, A.B., Ackerman, T.P., Pollack, J.B., Sagan, C. [TTAPS], 'Nuclear Winter: Global Consequences of Multiple Nuclear Explosions', *Science*, Vol. 222 (1983), 1283–1297; and Turco, R.P., Toon, A.B., Ackerman, T.P., Pollack, J.B., Sagan, C. [TTAPS], 'The Climatic Effects of Nuclear War', *Scientific American*, Vol. 251, No. 2 (Aug.1984), 33–43.

18. Paul R. Ehrlich et al., 'The Long-Term Biological Consequences of Nuclear War,' *Science*, vol. 222, no. 4630 (December 1983), 1293–1300.

19. Sagan, *op. cit.*, 276; Turco et al., *op. cit.*, 38.

20. *Science*, Vol. 247 (1990), 166–76.

第九章

1. 考夫曼一九五五年的論文，對於塑造美國軍方關於在歐洲將戰爭限制在常規武器範圍的可能性的思維，具有很大的影響力。Fred Kaplan, *The Wizards of Armageddon*, New York: Knopf, 1984, pp. 197–200.

2. Karl von Clausewitz, *On War*, New York: The Modern Library; 1943.

3. W. Baring Pemberton, *Lord Palmerston*, London: Collins, 1954, pp. 220–21.

4. Stanley Karnow, *Vietnam: A History*, New York: Viking, 1983, p.312

5. Walter Laqueur, *Guerilla*, London: Weidenfeld and Nicholson, 1977, 40.

6. Christon I. Archer, John R. Ferris, Holger H. Herwig and Timothy H.E. Travers, *World History of Warfare*, London: Cassell, 2003, p. 558.

7. Robert Moss, *Urban Guerillas*, London: Temple Smith, 1972, 198.

8. Sarah Ewing, 'The IoS Interview', in the *Independent on Sunday*, London, 8 September 2002.

第十章

1. Natalie Angier, 'No Time for Bullies: Baboons Retool Their Culture,' *New York Times*, 13 April 2004.
2. 'India's Actions in Kashmir Risk Nuclear War,' *The Guardian*, 28 Sept. 2019
3. Blaise Pascal, *Pensées* ch. iii, sec. 285 (1660) in: *Œuvres complètes*, Gallimard pléiade ed., 1969, p. 1160.
4. Dwight MacDonald, *Politics* (magazine), August 1945.

圖片來源

p.19 Cover of *Yanomamö* by Napoleon A. Chagnon. Pub. Holt, Rinehart, Winston, 2nd ed., 1977

p.21 Jane Goodall, ca 1965. Contributor: Everett Collection Historical / Alamy Stock Photo

p.34 Bushmen in Namibia. Creative Commons. (c) Archiv Dr. Rüdiger Wenzel

p.38 *Vietnam....A Marine walking point for his unit during Operation Macon moves slowly, cautious of enemy pitfalls.* U.S. National Archives and Records Administration, 1966. Public Domain.

p.43 Red Army shoulder marks, c. 1943. Public Domain.

p.46 Korean War, one infantryman comforts another while a third fills out body tags, Aug 25 1950, Sfc Al Chang, US Army Korea Medical Centre. Public Domain.

p.56 A new recruit responds to drill instructors, Marine Corps Recruitment Depot, San Diego. marines.mil. Public Domain.

p.60 Gabreski in the cockpit of his P47 Thunderbolt after his 28th kill (& 5 days before his capture). U.S. National Archives and Records Administration. Public Domain.

p.70 David Wreckham on an anti-killer robot leafletting drive outside parliament in April. Photograph: Oli Scarff/Getty Images

p.81 Stele of Vultures, c. 2450 bc, Dept of Mesopotamian Antiquities, Louvre Museum, France, photo Commons: by Eric Gaba, July 05.

p.87 Scythians shooting with composite bows, Kerch, Crimea, 4th century bce, Louvre Museum, photo Commons: PHGcom, 2007

p.91 Possible chariot on the Bronocile pot, Poland, c. 3500 bce; Archaeological Museum, Krakow, Commons, user Silar p.99 Siege tower on Assyrian bas-relief, NW Palace of Nimrud, c. 865-860bce, British Museum, Commons, user: capillon, 12 June 2008

p.103 Hoplites fighting, design on an urn before 5th century bce, Athens Archaeological Museum. Public Domain.

p.106 Carthaginian war elephants engage Roman infantry at the Battle of Zama Henri-Paul Motte. *Das Wissen des 20.Jahrhunderts*, Bildungslexikon, Rheda 1931. Public Domain.

p.108 Artist's rendition of the trireme commanded by Pytheas (c.300bce). From *The Romance of Early British Life*, by G.F.Scott Elliot, 1909 Illustration by John F.Campbell. Public Domain.

p.116 14th-century miniature from William of Tyre's *Histoire d'Outremer* of a battle during the Second Crusade, National Library of France, Department of Manuscripts, French. Public Domain.

p.121 Infantry on the march, wood engraving after a relief on the tomb of King Francis I (died in 1547). INTERFOTO / History / Alamy Stock Photo

p.126 First illustration of Fire Lance, 10th Century, Dunhuang. A detail from an illustration of Sakyamuni's temptation by Mara. Public Domain.

p.130 Tilly's entry into destroyed Magdeburg on May 25, From p.245 of *Deutschlands letztere drei Jahrhunderte, oder: des deutschen Volkes Gedenk-Buch an seiner Väter Schicksale und Leiden seit drei Jahrhunderten, etc* By Franz Lubojatzky, 1858. Public Domain.

p.134 Musket Drill: *L'Art Militaire pour l'Infanterie*, de Johann Jacobi von Wallhausen, Leewarden, Claude Fontaine, 1630. Public Domain.

p.138 The Storming of the Schellenberg at Donauwörth. Detail of tapestry by Judocus de Vos c. 18th C. Blenheim Palace. Wikimedia Commons. Public Domain Art.

p.146 Napoleon Bonaparte (1769–1821) as Emperor Napoleon 1 of France reviewing the Grenadiers of the Imperial Guard on 1 June 1811 in Paris, France. An engraving by Augustin Burdet from an original painting by Auguste Raffet. (Photo by Hulton Archive/Getty Images) p.154 The Withdrawal of the Grand Army from Russia, by Johann Adam Klein. AKG images: ID AKG108396.

p.156 Certificate of the award of the Iron Cross 2nd class for Edgar Wintrath, awarded to him on October 2nd, 1918. Wikimedia Commons. Public Domain.

p.162 Soldiers in the trenches before battle, Petersburg, Virginia, America, 1865. Public Domain.

p.174 Female munitions workers operating lathes in a British shell factory. Note the improvised wooden machinery guards used in the works. © Imperial War Museum Q 54648

p.176 Top: WWI poster - "It is far better to face the bullets than to be killed at home by a bomb. Join the army at once & help to stop an air raid. God save the King". 1915. United States Library of Congress's Prints and Photographs division ID cph.3g10972. Public Domain. Bottom: The wreck of Zeppelin L33 at Little Wigborough, Essex. September, 1916. Essex Record Office. Creative Commons: Official Record of the Great War, H.D. Girdwood (India Office, 1921).

p.178 The first official photograph taken of a Tank going into action, at the Battle of Flers-Courcelette. 15 September, 1916. Q 2488 ©Imperial War Museum

p. 180 German boy soldiers WW1. Photograph probably taken in 1917. Public Domain.

p.185 *Springfield Union* Headline: "Germany's long-delayed offensive against Russia opens on 165-mile front". Public Domain.

p.190 Oblique aerial view of ruined residential and commercial buildings south of the Eilbektal Park (seen at upper right) in the Eilbek district of Hamburg, Germany. These were among the 16,000 multi-storeyed apartment buildings destroyed by the firestorm which developed during the raid by Bomber Command on the night of 27/28 July, 1943 (Operation GOMORRAH). By Dowd J (Fg Off), Royal Air Force official photographer. Wikimedia Commons. IWM Non-Commercial License photo CL 3400. Public Domain.

p.195 Firestorm cloud over Hiroshima, near local noon. August 6, 1945. US Military. Public Domain.

p.199 General Buck Turgidson (George C. Scott) demonstrating a B-52 flying low enough to fry chickens in a barnyard in Dr. Strangelove trailer from 40th Anniversary Special Edition DVD, 2004 from Dr. Strangelove or: How I Learned to Stop Worrying and Love the Bomb by Stanley Kubrick, 1964. Wikimedia Commons. Public Domain.

p.209 Theatrical release poster for *Duck and Cover* film, by Anthony Rizzo, 1952. Wikimedia Commons. Public Domain.

p.211 Low-altitude reconnaissance photograph showing a nuclear warhead bunker under construction, prefabrication materials, and construction personnel at site number 1 in San Cristobal, Cuba. United States. Department of Defense. Department of Defense Cuban Missile Crisis Briefing Materials. John F. Kennedy Presidential Library and Museum, Boston. 23 October 1962. Accession No. PX66-20:20. Public Domain.

p.215 A "personnel reliability program" examines details of each crew member's personal life to make sure they are mentally fit to carry out the great responsibility of controlling nuclear weapons. U.S. Air Force photo. VIRIN: 090108-F-1234P-010.JPG. https:// www.nationalmuseum.af.mil/Upcoming/Photos/igphoto/2000642472/ Public Domain.

p.216 Strategic Defense Initiative logo. United States Missile Defense Agency, US Federal Government. Wikimedia Commons. Public Domain .

p.218 Soviet Premier Mikhail Gorbachev shaking hands with U.S. President Ronald Reagan in the 1980s. Everett Collection Inc / Alamy Stock Photo

p.225 Albert Einstein portrait, 1945. ALAMY. Alamy ID: P89CC5

p.237 British troops taking part in NATO's Exercise Lionheart in Germany 1984. Courtesy of the National Army Museum, London

p.238 An Israeli tank crossing the Suez Canal during the Arab-Israeli War. From the booklet President Nixon and the Role of Intelligence in the 1973 Arab-Israeli War. 1 October, 1973. Wikimedia Commons. Central Intelligence Agency. Public Domain.

p.240 Left: Supermarine Spitfire Mk IXc, 306 (Polish) Squadron, Northolt 1943. Taken by RAF 1943. Wikimedia Commons. Public Domain. Right: USAF F-35A Lightning II stealth fighter. 15 May, 2013, 00:44:57. Crop f larger picture by U.S. Air Force Master Sgt. Donald R. Allen. Wikimedia Commons. Public Domain.

p.250 Captured communist photo shows VC crossing a river in 1966. George Esper, *The Eyewitness History of the Vietnam War 1961-1975*, Associated Press, New York 1983. Wikimedia Commons. Public Domain.

p.253 Mao Zedong in Yan'an. 1930s. Wikimedia Commons. Public Domain.

p.257 Poster for The Baader Meinhof Complex (2008) Portrayal of Germany's terrorist group, The Red Army Faction (RAF), which organized bombings, robberies, kidnappings and assassinations in the late 1960s and '70s. Efforts have been made to contact the distributor of the item promoted, Constantin Film Verleih (Germany Metropolitan Filmexport (France) Bontonfilm (Czech Republic), the publisher of the item promoted or the graphic artist.

p.261 World Trade Centre Attack, September 11th 2001. Robert Giroux / GETTY IMAGES. https://www.gettyimages.co.uk/detail/news-photo/smoke-poursfrom-the-world-trade-center-after-it-was-hit-by-news-photo/1161118.

p.271 Neuroscientist Robert Sapolsky with baboon Image credit: stanford.edu

p.278 A submarine-launched ballistic missile Pukguksong is pictured during a military parade at Kim Il Sung Square in Pyongyang on April 15, 2017, as North Korea marked the 105th anniversary of its founding leader's birth. Credit: BJ Warnick / Alamy Stock Photo

p.283 Russian Ambassador to the United Nations Vassily Nebenzia votes against US resolution to create an investigation of the use of weapons in Syria, at United Nations Headquarters in New York, on April 10, 2018. Hector Retamal / GETTY IMAGES. Getty code: AFP_13W7Z6. https://www.gettyimages.co.uk/detail/news-photo/russian-ambassador-to-the-united-nations-vassily-nebenzianews-photo/944426684?adppopup=true..

p.293 Alexei Kosygin USSR Premier greets Saddam Hussein. 14th April 1975. SPUTNIK / ALAMY STOCK PHOTO. Alamy ID: B9EGNP

p.295 Swarm of drones flying in the sky. 3D rendering image. Contributor: Haiyin Wang / Alamy Stock Photo

【The Shortest History系列】
戰爭史中的小故事與大戰略
國際軍事史專家帶你了解戰爭的第一本書
The Shortest History of War

作　　者　格溫．戴爾 Gwynne Dyer
譯　　者　謝樹寬
封面設計　倪旻鋒
內頁排版　高巧怡
行銷企劃　蕭浩仰、江紫涓
行銷統籌　駱漢琦
業務發行　邱紹溢
營運顧問　郭其彬
責任編輯　林慈敏
總 編 輯　李亞南

出　　版　漫遊者文化事業股份有限公司
地　　址　台北市103大同區重慶北路二段88號2樓之6
電　　話　(02) 2715-2022
傳　　真　(02) 2715-2021
服務信箱　service@azothbooks.com
網路書店　www.azothbooks.com
臉　　書　www.facebook.com/azothbooks.read

發　　行　大雁出版基地
地　　址　新北市231新店區北新路三段207-3號5樓
電　　話　(02) 8913-1005
訂單傳真　(02) 8913-1056
初版一刷　2025年7月
定　　價　台幣480元

ISBN　978-626-409-100-8

有著作權．侵害必究
本書如有缺頁、破損、裝訂錯誤，請寄回本公司更換。

The Shortest History of War by Gwynne Dyer
Copyright © Gwynne Dyer 2021
This edition arranged with Old Street Publishing
through BIG APPLE AGENCY, INC. LABUAN, MALAYSIA.
Traditional Chinese edition copyright © 2025 Azoth Books Co., Ltd.
All rights reserved.

國家圖書館出版品預行編目(CIP)資料

戰爭史中的小故事與大戰略：國際軍事史專家帶你了解戰爭的第一本書/格溫.戴爾(Gwynne Dyer)著；謝樹寬譯. -- 初版. -- 臺北市：漫遊者文化事業股份有限公司出版；新北市：大雁出版基地發行, 2025.07
320面；14.8 × 21公分. -- (The shortest history系列)
譯自：The shortest history of war
ISBN 978-626-409-100-8(平裝)
1.CST: 戰史
592.91　　114005182

azoth books 漫遊者
漫遊，一種新的路上觀察學
www.azothbooks.com
漫遊者文化

遍路文化 on the road
大人的素養課，通往自由學習之路
www.ontheroad.today
遍路文化．線上課程